精準回饋

提升團隊績效，改善溝通的超能力

Feedback

(and Other Dirty Words)：Why We Fear It, How to Fix It

PeopleFirm 執行長
譚拉・錢德勒 M. Tamra Chandler

PeopleFirm 資深顧問與經營管理教練
蘿拉・道林・葛利希 Laura Dowling Grealish 著

周怡伶 譯

獻給

瑪莎・瑪麗・錢德勒（**Martha Marie Chandler**）

她從不遲疑提供頻繁而聚焦的回饋。

媽媽，我們非常想念妳。

各界推薦

這本書直指核心，說出必須做哪些事情改革組織內的回饋。如果我們都能以本書描述的方式來分享意見，企業（甚至整個世界！）真的會成為一個更好的地方。

——凱西・歐垂斯克（Kathy O'Driscoll）
雪花雲端資訊（Snowflake Computing Inc.）人力資源副總裁

我們的工作方式正在改變。傳統從上而下的階級管理方式已經被共同合作取代，在這種環境中，員工持續從主管那裡獲得回饋並且即時成長。在這本書中，錢德勒和葛利希提出內容豐富並且容易照著做的指南，以利組織領導人推動工作文化轉型，員工不再害怕回饋，而且因為回饋而得到滋養。

——德瑞克・爾文（Derek Irvine）
工作人（Workhuman）客戶策略及諮詢顧問資深副總裁

給別人意見真是不容易（接收意見也是！），不過它卻非常重要，關係到我們如何驅動以及提升績效表現。這本書提供實踐回饋的架構和工具，讓你利用回饋建立關係、改善表現！

——潔西・舒伊特（Jesse Schlueter）
諾斯東百貨（Nordstrom）學習與領導力副總裁

好讀又有說服力的書，指引領導人如何設定溝通語調以培養成長心態。書中有許多技巧指引讀者，如何聆聽別人對自己工作的回饋、如何分享自己觀察別人工作的意見，而且啟發每一個人成長茁壯。

——伊莉莎白・霍爾（Elizabeth Hall）
坎培亞健康解決方案（Cambia Health Solutions）員工經驗副總裁

這本書很易讀，強調堅實的回饋做法能夠帶來真正的好處，同時也能為給予回饋及接受回饋除去汙名：這個主題對領導人太重要了。

——羅伊・畢凡斯（Roy Bivens）
鑽石整型外科（Diamond Orthopedic）執行長

關於回饋這個主題，這是我讀過最棒的一本書！它指出實際可行的方法，而且它看待工作者與工作的觀點非常有啟發性，書中倡導擁抱立意良善但是對回饋很苦惱的人才。我很清楚這種苦惱，身為經理人，回饋是我的工作重點，但我經常嘗到苦果。回饋對我的生命非常重要，而且對你的生命也是。跟隨這本書作者的指引，能讓你更了解周遭的同事，工作關係更緊密。

——傑弗瑞・貝爾曼（Geoff Bellman）

超凡團隊合夥事業（Extraordinary Teams Partnership）負責人

終於有這本書了！精確、實用、可以實際採取行動，對回饋這個棘手主題是一大貢獻。在這本突破性的書中，作者提出許多實用知識來推動改革現行的回饋典範。這本書詳列的方法簡明易懂、威力強大，並且有科學佐證，還舉出讀者有共鳴的日常案例。作者的豐富經驗完全顯示在這本有說服力又容易消化的工具書裡。

——碧翠絲・韓森（Beatrice W. Hansen）

臨在根基教練（Presence-Based Coaching）負責人

成功的領導人和企業組織有什麼共通點？歡迎回饋、不害怕回饋、信賴的文化，就是核心要點。這本書指引讀者如何做到，而且內容風趣又有啟發性！讀這本書……既有娛樂性又能得到許多知識。

——克里斯多夫・寇文（Christopher J. Cowan）
克里斯欽那健康照護系統（Christiana Care Health）人力資源資深副總裁

思慮周到的回饋除了是一種天賦，在任何個人或組織追求誠信的歷程上，回饋也是關鍵轉折點。如果你想要釋放出強力而無價的資源，那就沉浸在這本書所教導的一切。

——約翰・布倫伯格（John G. Blumberg）
《回歸誠信：一件最重要的事的個人追尋歷程》（*Return On Integrity: The Individual's Journey to the One Essential Thing*）作者

Contents

目錄

作者序

建立開放坦誠的回饋文化

如果你去問任何一群人，無論是跨國公司、運動團隊、夫妻合力經營的小本生意、搖滾樂團、非營利組織董事會、手工編織社團等，這些人很可能都會承認，他們的組織對於「回饋」(feedback) 很不在行。當然，我也見過有人自認還滿能掌控「回饋」這個難題，不過在組織裡我們多半都無所適從。

我在績效管理的領域工作了好幾年，愈來愈常見到人們為了該如何回饋意見而苦惱。2016 年我出版第一本書《別讓績效管理毀了你的團隊》(*How Performance Management Is Killing Performance and What to Do about It*)，我和 PeopleFirm 的伙伴運用書中的觀念，協助幾十個大大小小的企業組織，包括跨國企業、民營公司、非營利組織等，幫它們把績效管理方法改頭換面，淘汰過時又非常不受歡迎的傳統做法，並且引進現代的新方法。我們在每個組織裡採用的方式不盡相同，但最佳做法的要素卻相去不遠。

最常見的要素集中在加強企業內部以及跨部門的意見回饋。我們提出的最佳解決方案聚焦在打造組織內部成長導向回饋的優點，這不是建立在傳統的「主管－部屬」管理框架之上，而是撇除階級與職稱，以「人對人」、「團隊對團隊」為基礎。

領導人都希望組織能夠更欣然迎接這種公開坦誠、有建設性、常態的意見回饋，並且以此為首要目標。但是，回饋有賴彼此經常而且坦誠透明的提出意見，一旦我們開始要著手建立解決方案時，就會一再聽到：「我們很不會提供回饋意見；我們還沒有準備好；我們沒有這種技巧；我們沒信心；我們的管理階層還沒準備好；這不符合我們公司的文化；大家會把它當成武器；我們還沒有這種習慣；我們就是辦不到。」

這樣你知道了吧。

這種預期中的反應很令人沮喪，就是因為這樣，讓我相信我們必須聯合所有人，共同解決提供回饋的問題。為了創造能讓員工與團隊安心成長、發展並全力發揮的組織文化，我們就必須掌握提供回饋的做法；如果這個問題擋在所有人面前，我們更應該一起來處理它。我們可以建立規則、調整好心態來迎接這個轉變；一旦了解橫擺在眼前的難題是什麼，藉由給予回饋新的定義與原則，再運用容易上手的技巧每天練習，就可以跨越障礙。讓我們把恐懼拋在腦後，向目標邁進，如此一來，回饋就可以用來幫助別人而不是傷害人，所有人都會贊同這個對回饋的新定義，然後針對不足之處發展出永續可行的解方。

我不是人際關係專家

我長時間從事績效管理的工作，促使我將第二本書鎖定在回饋這個極為重要的主題。我和寫作夥伴蘿拉・葛利希（Laura Grealish）一起腦力激盪，花了好幾個星期擬定大綱，整理出一份漂亮的提案寄給出版社。每一本書的提案都必須指明設定的讀者，還要提出建議說明如何行銷這本書。第一次跟 Berrett-Koehler 出版社見面提案時，我們說這本書的目標讀者是每一個人，企業可以用、學校家庭等也都可以使用。這個想法聽起來似乎很正確，畢竟回饋是個無所不在的題目，也是大家共同的痛點。

不過，就在我們受到鼓勵，抱著滿腔熱情開始寫作之後，我才了解到，雖然這本書的概念和技巧可以用在任何互動情境，但是，寫這本書的目的絕對不是要幫人們處理與母親、姐妹、伴侶或青少年子女之間的關係。我真正的目標一直都是協助企業組織和員工，讓他們變得更好、更有能力、向心力更強。那是我的熱情所在，也是我的人生目標、我的天命。於是，就在我們開始寫作之後沒幾天，我對蘿拉說出我的體悟，我們都贊同這本書必須是商管書，而且要特別著重在：透過回饋讓職場成為更好的地方。

那天晚上我和先生分享這個消息（他剛好是這本書的責任編輯）。他很快就贊同，而且幾乎馬上同意。

「是啊，這絕對有道理，」停頓一下之後他還補了一句：「我的意思是說，你又不是什麼人際關係專家。」好啦，他說的沒錯，不過我還是小小受了傷。只希望編輯這本書能夠幫助他改進回饋技巧。

我分享這段幕後花絮只是要清楚指出，這本書是從管理組織的角度出發，與工作者和職場有關，要協助大家在這種環境裡成長。不過，這並不表示你不能在工作以外的場合運用本書的概念和技巧，如果你發現它能幫助你改善跟青少年子女或另一半的溝通，那是額外的好處。不過，在生活中運用這本書之前，請記得這件重要的事：我不是人際關係專家。問我先生就知道了。

成功和失敗都要提供回饋

你的員工有多少成長，你的企業才會有多少成長，這個簡單的道理一直都是我的指導原則。我改造過許多職場環境，裡面的員工都進步神速，客戶每天都要求他們做到最好，而大家也總是發揮出最大的潛力。在我領導過的每一個組織裡，人都是唯一真正的資產。實際來說，這表示團隊與個人績效會直接影響企業績效。當然，幾乎每個企業都是如此，但是對於像顧問業這種專業服務，這一點更是真理，因為你收取的費用、接到的案子、提供服務的品質、顧客的信任程度，全部都和員工的能耐息息相關。

那麼，回饋是在哪一個環節進入整個組織架構？似乎可以這樣推斷：要是缺乏有意義的回饋和指導，員工不會成長，也就不會成功，如果員工沒有成功，企業也不會成功。而我現在培育許多一流的企管顧問和企業，照理說，我一定是很會提供回饋意見的女王吧？

若是你這麼想那就錯了。我必須得要第一個承認，提供回饋也是我仍須努力的功課，而且，我創辦的公司有時候也很難做到一直保持開放坦誠的回饋文化。當我試著理解我在提供回饋意見上的不足，以及在培育員工及企業的成功，這兩者之間的矛盾促使我去思考自己提供回饋的經驗與信念。我得到的結論將不只反映在接下來要與你分享的觀念裡，它也落實在我和員工的日常工作上。

以下是這本書的幾個基礎概念，串成全書主軸：

■ **我們對於回饋的許多概念不僅不正確、適得其反，而且長久以來已經遭到個人經驗給扭曲。**

- 該是時候來釐清與回饋相關的錯誤觀念了，它們一直影響我們，現在正是擁抱新定義的時候。
- 對於人們遇到意見回饋時的反應有基本認識，可以幫助我們用全新而且更有效率的方法來提供回饋。

■ **有個方法可以解決提供回饋的問題，還可以讓我們把提供回饋的恐懼拋在腦後。**

- 要做到這一點，需要大家同心協力採取行動，解決提供回饋的問題。
- 簡單的想法、對話的模式、技術及祕訣，可以幫助我們更擅於提供回饋意見，對個人或是團體來說都適用。

■ **要培養人才、打造團隊，使他們成長茁壯並拿出最好的表現，必須從建立信任感開始。**

- 信任感是經由人與人之間長期互相支持的友好關係所建立起來，雙方會傳達出一個強烈的訊息：

我們是同一國的。

- 信任感並非一夕可成，而是持續不斷的過程，影響我們在每一次對話、決策與行動中的表現。

我希望這本書能夠啟發你加入我們，重新定義回饋，賦予它全新的面貌，因為團結就有更大的力量，能夠將職場轉變為一個讓彼此更靠近、更具有啟發性的地方。試想，假如我們能使它成真，你我和公司團隊會達到什麼樣的成就？當回饋不再是個討厭的字眼，我們會更增添多少幸福快樂？

F##DB@CK!

第一章

精準回饋為什麼這麼難？

假如讓公司的行銷部門對回饋進行品牌評估，它的賣相一定不好。這一點應該沒有人會訝異，因為幾個世紀以來幾乎所有人都把回饋搞錯了。我們用一次又一次極為糟糕的經驗打造出這個品牌，你知道我的意思：用回饋意見來懲罰、羞辱或操控別人；一直不給建議，累積一大堆意見之後才一次倒給措手不及的部屬；讓偏見影響我們的觀點；即使在顯然錯誤的地點和時間，也堅持一定要分享看法；如果對某個人有意見，我們會先對某個同事說，那個同事再說給另一個同事聽，最後我們的抱怨才傳到當事人的耳朵裡。還有，我們以為最好的回饋方式就是直言不諱，也有人以為拐彎抹角的暗示就能傳達意思，甚至有人只在想要明確表示某事或某人沒有達到自己的期望時，才會提供回饋意見。

而且，問題不只在出聲抱怨的一方，請想想，我們聽到意見或建議時，是不是常常擺出防衛姿態。我們會針對實際情況爭執，改變話題，轉而指出提供意見者的錯，或者是馬上翻臉走人。偶爾我們也會靜靜聽對方說，卻完全悶不吭聲，或者更糟的是根本沒有聽進去。

以上各種導致回饋惡名昭彰的情況，有多少會出現在可怕的年度績效考核裡？實在太多了，而且還經常出現。在我的第一本書中，我分享傳統績效管理的 8 個缺點，其中第二點就是，面對一個只想打擊你的人，沒有人會敞開心胸（回饋技巧太糟糕，難怪會這樣）。更令人擔心的是，年度考核帶來的負面經驗，常使員工和主管之間出現嫌隙，甚至可能還會擴大到整個職場關係，因為糟糕的回饋記憶半衰期非常漫長，即使事過境遷仍然不會忘記。

再說，當我們心裡有疑問時，例如「我處理這個專案的方向正確嗎？」或「早上那場會議我是不是可以主持得更好？」，也很少真正去請教別人的看法，對大多數人來說，直覺反應都是坐等別人來提供意見，而不是自己主動去問。

回饋的形象問題在於我們看待它的方式以及過去的經驗，因此該是時候好好檢視我們已經養成的習慣、一直以來的做法，以及我們對回饋的了解。如果許多人都曾因為回饋而受傷，那麼顯然這種回饋文化是錯的。這麼看來我們的任務很清楚，那就是重新塑造回饋的形象，讓人們願意執行、而不是掉頭落跑。我們需要徹底改變，腦袋和心態都是。

回饋是怎麼變質的？

早期就養成壞習慣

我們很早就從周遭人身上學到好習慣和壞習慣，而且就算接收到的事物會令我們覺得不舒服，我們也會繼續維持這些學來的行為或技術。

我們從小就在觀察、接收、傳遞這種傷害經常大於幫助的回饋方式，這些早期經驗影響我們看待回饋的方法。最糟的是，這種回饋總是以批評、憤怒的字眼以及針對個人評價的方式呈現。我們在小時候就常常經歷這種惡劣的回饋，它們可能來自於父母、兄弟姊妹、公園裡的小朋友，或是那些傳統可怕的老闆。結果，我們從一開始就把回饋視為負面力量與恐懼的來源，又因為多數人對回饋抱持負面的印象，就更加不可能提供回饋或主動要求回饋了。由於我們對回饋太反感了，導致我們在收到鼓勵或建議等好的回饋時，可能都不知道這就是回饋。

我們的老闆、父母、老師、朋友和兄弟姊妹可能並不是刻意要讓我們難過（不過也許有些手足真的是故意的），他們只是受到已經深植於社會上的錯誤觀念影響。我要說的重點是：我們每個人在年紀很小時就被灌輸回饋的負面形象，所以我們要拋開恐懼，也就是要忘掉過去學到的習慣，並且拋棄已經根深蒂固的錯誤觀念和方式。

績效考核容易加深誤會

我已經清楚表明非常不喜歡傳統的績效考核，不只是因為它無法引導出更好的表現，更是因為傳統方式誤導我們看待回饋的觀點，使我們相信提供回饋是一件嚴重的事，會讓人不幸、造成對立，而且通常不懷好意。

年度考核的儀式讓我們誤以為，所謂的回饋就是你和主管關起門來聊一聊哪些事情做得不錯（希望是這樣），然後討論你要改進的地方，可能還會談談下個年度你會拿到多少薪水。主管的任務通常是制式化的結算出你今年達成和沒達成哪些目標，評估你的價值有多少，而這些通常會拿來和你的同事比較。這場面談通常是單向論述，而非雙向對話，而且很容易受到偏見影響，例如主管通常傾向談論最近的事，因為它比更早之前發生的事印象更深；還有因為主管個人偏好而產生的評估者特質效應（Idiosyncratic Rater Effect）。[1]

年度考核需要參與者做好心理準備、「披上戰袍」

應戰，而且受制於考核者的權力地位，所以很少是輕鬆自在或彼此合作的氣氛。面談結束之後，你馬上就會忘記所有正面的意見，只記得主管評估你該改進的地方，你只會想著這些評估意見是不是你的問題、公不公平，甚至是不是真的能反映出你的工作表現。我們長久以來受到這種年度考核的荼毒，傷害我們跟回饋意見之間的關係。

因此，現在該是我們重新思考回饋這件事的時候了，它應該是持續順暢的對話，沒有階級、恐懼與評價。在我們朝這個方向進行時，還有一件很重要必須知道的事情是：其實你收到的回饋比以為的更多，只是沒被刺激到時你可能不會把它當成是回饋。就算老闆的門敞開著，也沒有人在開會做記錄，只要有人提出一項觀點，那就是在回饋，而且這可能會比年度考核時一次倒給你的一大堆資訊更容易吸收、更有效。

回饋的矛盾

我們最常聽到關於回饋的抱怨，竟然是「我沒有得到足夠的回饋」。這告訴我們，即使回饋的形象這麼差，大部分的人仍然渴望得到回饋，而且直覺知道（如果執行得當）它是件好事。不過，就算我們把所有「沒有被認出來」的回饋都算進去，多數人還是覺得收到的回饋不足。根據Office Vibe做的2018年全球「員工投入程度」調查研究（Global State of Employee Engagement），[2] 有62% 的人希望得到更多來自同事的回饋，83% 表示希望得到回饋，無論是正面還是負面回饋。這很矛盾，因為即使我們做不好回饋，大家還是希望得到更多回饋，但只有很少數的人習慣積極請教或是給予回饋。一次回饋會衍生出更多回饋，但是必須有人先開始。這個人會不會是你呢？

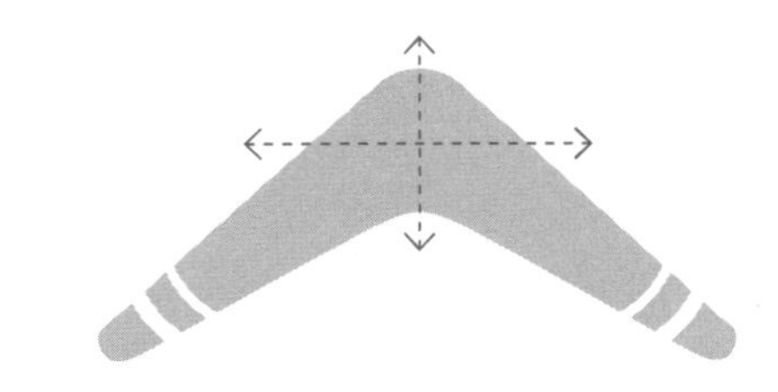

一次回饋會衍生出更多回饋，
但是必須有人先開始。

MOVE
MENT

第二章

改變回饋文化宣言

宣言一：回饋應該是好事。當我們後退一步思考回饋的真正意義，就會明白它不應該是壞事。假如人類想要成長進步，就需要能幫助我們往正確方向前進的建議；若是我們把自己封閉起來，不去了解別人跟我們交流的感受，那就會是關閉學習成長的機會。

宣言二：要讓提供回饋成為一件好事，就需要改變。我們在第一章分享大多數的人不認為回饋是正向力量的原因，簡單來說，那是因為幾個世紀以來，我們一直感受到互相攻擊與自己受到打擊的痛苦。如果要打破這個循環，就必須改變回饋的時機及做法，換句話說，我們需要打造一場運動來解決回饋的問題。

說服別人一起改變

我準備好了、我準備好了、我準備好了！

——海綿寶寶

「任何改變的第一步，就是承認需要改變」，這句話你一定聽過好幾百次，因為真的就是這樣。可悲的是，我們都不太願意改變，所以通常是放著順其自然，直到那件事的困擾程度已經高到似乎值得好好面對為止。

那麼你呢？準備好要改變了嗎？當你讀到前一章關於回饋變調的例子，是不是有些地方說中了？你是不是開始默默細數，有多少次沒有主動請教別人的意見；對方真心想幫忙時你卻關起心門；對著共進午餐的朋友抱怨某個同事；聽到恭維夾帶建議的話就當成耳邊風；或是在真正了解之前就下定論？

不用責怪自己，因為我也跟你一樣。找資料寫這本書的時候，我不知道有多少次想起自己曾經做過、說過，或沒有去說、去問，甚至自以為是的事情。指責讓你咬牙切齒的人很容易，但是承認自己的錯誤需要更大的勇氣。我們必須確定自己有錯，然後從中學習，帶著學到的東西努力前進。

如果我們要從根本上改變回饋的文化，就必須把它當成一場運動，轉變我們對於回饋的中心思想，而不只是調整提供意見的方法。每一個人都需要主動向他人請教資訊，以協助團隊和專案運作來達成目標。若你是主管或領導人，那就從你開始做起，我們要求你跳脫傳統的「知情人士」及「告知者」角色，轉變成為「探索者」和「學習者」。我們已經知道，告訴別人必須改變是一種不受歡迎的做法，而這個運動能讓我們避開這樣的地雷，讓回饋成為雙方一起找解決方案的合作關係。

閱讀這本書就是一個起點，你將成為這項運動裡的領導人。我要呼籲你去說服別人有改變的需要，告訴他們，我們的目的是打造一個以身作則、為了幫助彼此而非傷害彼此的回饋文化，促使他們更輕鬆加入這項運動。我們既要打動他們的心，也要扭轉他們的觀念。接下來，我將會提供四項精彩論點，希望能夠發揮作用。

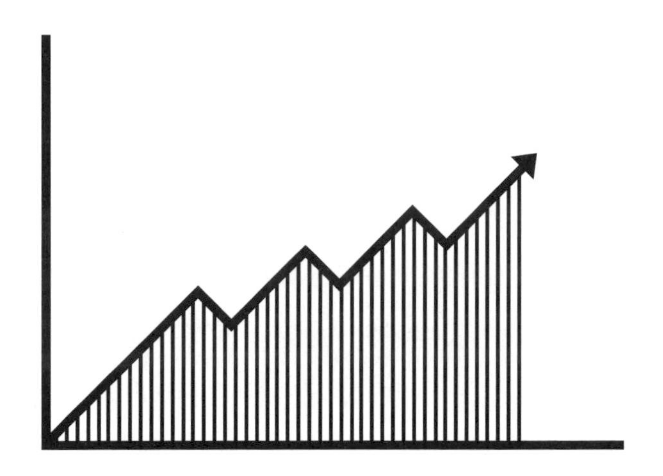

1. 爲企業打造有意義、可衡量的結果

數字能支持我們做出改變的呼籲，新研究顯示，改善提供回饋的方式能夠帶動企業和個人提升績效。我們先從組織層面迅速檢視數字，企業績效研究所（Institute for Corporate Performance）和效能組織研究中心（Center for Effective Organizations）在2018年共同發表一項研究，名為〈績效回饋文化帶動企業影響力〉（Performance Feedback Culture Drives Business Impact）[1]，針對幾種

不同的績效管理改善方法進行研究。他們發現，在可測量的項目中，最能趨動改善的項目是績效回饋文化（Performance Feedback Culture, PFC）。研究指出：「績效回饋文化的建立與培養，關鍵在於公司要讓主管們集中心力在有效進行績效回饋，包括多樣化的定期溝通、提供加強工作能力的訓練、由管理高層以身作則示範提供部屬回饋的方法、做得好就給予獎勵及肯定、追蹤工作成果、根據績效回饋的能力來挑選及拔擢主管。」而實行這些要素的結果也非常有說服力。

這份研究調查57間公開上市的美國公司，並且根據績效回饋文化指標比較排名前1/3與倒數1/3的企業，進而發現排名前1/3的企業財務表現，包括淨利率、投資報酬率、資產報酬率、股東權益報酬率，都是倒數1/3企業的兩倍。這項研究還發現，在影響、培養、激勵以及慰留員工方面，發展性回饋與持續回饋這兩項因素的關聯性最大。這項研究另外也調查民間組織、外國組織、非營利組織以及政府組織，並且採用全美最大人力資源與求職網站「玻璃門」（Glassdoor）的「雇主品牌分數」(Employer Brand Score) 作為研究變數，調查出來的結果也與前述相同。而且有趣的是，「只有一項預測變數是顯著相關的」，你應該猜到是哪一項了吧？就是：強調發展性回饋而非評量式回饋的組織。

我們多年來宣揚的「改造績效管理」理念，也是我前一本書的核心，與上述研究結論不謀而合：「績效回饋文化很弱的公司，績效管理是沒有效果的……績效管理的重點不在於組織整體的成效指標，而應該是以員工為本，包括員工的發展、動機、慰留，採用這樣的做法最後才會帶來財務上的成功。」

2. 爲員工打造有意義、可衡量的結果

現在讓我們來看看跟人有關的數據。讓我相當有興趣的是史布雷哲（Gretchen Spreitzer）及波拉斯（Christine Porath）所做的一系列研究，[2] 他們與羅斯商學院的正向組織研究中心合作（Ross School of Business's Center for Positive Organizations），訪問超過 1200 位受雇者，測量幾項關於績效和行為的指標。他們的研究對象包括白領和藍領工作者，產業類別多樣。結論是，成功的工作者

「不只對工作感到滿足又有實際產能，還熱衷於創造未來，而且包括公司和自己的未來」，這種員工的績效表現比其他人好：白領工作者的表現高出16%，藍領工作者的表現高出27%。成功的工作者健康狀況也明顯更好，身心俱疲的程度少於125%，此外他們對組織的忠誠度多出32%，對自己的工作滿意度多出46%。

這項研究發現兩個影響個人成功的因素：活力與學習力。活力的定義是「感受到活著、熱情、興奮」，學習力是「學習新知識與技能而獲得的成長」。簡單來說，活力來自於強烈感覺到自己所做的事能夠產生改變，而學習力代表的是我們在培養技能和能力的同時，也增強自我成長的信心。

活力、學習力與回饋之間的關聯不難理解；能夠激發活力的因素包括人際關係、交流、肯定以及簡單明瞭的訊息，這些都是健康而且持續回饋意見的結果。另一方面，當我們得到有助於提升自我的建議後，學習力也就隨之而來，我們會有所改變，正是因為得到有信任基礎、明確，以及與自身成長息息相關的建議。因此，如果希望鼓舞員工拿出更好的表現，同時也想讓員工有更好的體驗，就應該激發出員工的活力和學習力。如果要做到這一點，沒有什麼方法比提供可以鼓舞人心又有見地的回饋更好！

3. 爲自己和團隊提升領導影響力

領導力對於績效至關重大，這是顯而易見的事實。懂得運用技巧的領導人能提升績效，而拙劣的領導人會讓員工分心，績效表現差。以領導力為研究主題的書籍非常多，在此不多做贅述，其中真正與我們推行的運動相關的是，了解提供回饋如何影響領導品質與作用以及員工向心力。

如果你一直在尋找增進領導力的祕訣，那麼不必再找了，祕訣就是提供回饋！

> 作為領導人，如何要求和提供回饋會直接關係到你能不能影響員工，贏得他們的尊敬。

知名的領導策略顧問詹格（Jack Zenger）和佛克曼（Joe Folkman）做了許多備受肯定的領導力及回饋的研究。他們對我的影響很大，你會發現這本書中到處引述他們的研究發現。其中有項研究找了 22,719 位領導人，調查意見回饋和員工向心力的關係，結果顯示領導人給予真誠回饋的能力，對於員工向心力的影響令人震驚。[3] 詹格和佛克曼發現，給予真誠回饋的排名在最後 10% 的領導人，他的團隊的向心力比其他人低了 25%。相反的，名列前矛的前 10%、能夠給予真誠回饋的領導人，他們的團隊向心力則排在前 25% 之內。

詹格和佛克曼從研究發現也推論出，主管經常懷有錯誤的觀念，因而限縮回饋的影響力。不幸的是，太多主管把真誠和直接的回饋搞混，只在事情出錯時才對員工說話。（我相信這種觀念來自 1950 年代的舊思維，那個年代認為好主管必須嚴厲，並且永遠不滿足於現狀。）掉進這種錯誤觀念陷阱的領導人，通常完全不給員工意見或建議，以免被當成壞人；不然就是很會迅速指出員工的缺點，因而被冠上愛挑毛病的名聲。有趣的是，這項研究的結論是，有能力的領導人偏好正向回饋；這顯示出回饋不只是培養員工最好的工具，還能反映你是什麼樣的領導人。

詹格和佛克曼還做了另一項研究，探討請求回饋和整體領導能力之間的關係。[4] 這次他們的研究對象超過五萬名主管，他們發現，前 10% 懂得請求回饋的主管，整體領導能力排名遠勝 86% 的人；而令人難過的是，請求回饋排名倒數 10% 的主管，領導能力只比墊底的人好上 15% 左右而已。

從這一大堆研究領導力和回饋相關性的數據中，你會得到什麼結論？如果身為主管的你想要增加影響力及團隊向心力來提高團隊績效，那麼就要「主動請教」，讓大家把分享意見想法當成要務，而且要格外強調正向回饋。任何想要影響組織績效的執行長或人資主管，都應該協助其他領導人養成主動請教的習慣並提供回饋，當團隊及員工表現優秀，就要經常予以肯定。

為什麼領導人和團隊提供回饋的關係與績效有這麼強的關聯？以下是幾個顯著的理由：

見解＝成長。如果回饋能提供足以進步成長的知識，那麼作為主管的你跟任何人一樣需要回饋，而這個時候就需要勇氣和謙卑了。你可能必須把自我中心和自我懷疑放在一旁，承認雖然身為主管，你也需要成長或學習。事實上，擔任領導人可能表示你要學的東西更多，因為你的責任和影響力更大。

➢ 提供回饋也是提供知識，幫助員工成長。創造一個文化讓你和團隊更能分享有用的資訊，這是提升績效和向心力的關鍵，在個人和團隊層面都是如此。回饋能激發創新，增進共同學習，兩者都是好事。身為領導人的任務是身先士卒，首先為自己的回饋運動扛起大旗。

知道需要解決哪些問題。身為領導人，你的任務是讓團隊順利把事情做好。可是，如果你不知道擋在眼前的是什麼東西，要怎麼做到這一點？但你又要如何知道？很簡單，就是開口詢問。

透過對談建立信賴關係。接下來，我們會談到更多人際關係和連結的重要性，這是正面、以改進為基礎的回饋。當我看到客戶或員工有困難時，我會提醒他們要「說話、聆聽、詢問」，透過每天的對話建立信賴關係。就像結締組織能將身體各部分結合、固定一樣，信賴關係會把整個企業凝聚起來，使它更強大。這種建立在持續溝通的信賴感，可以反應出領導能力的高低。

4. 建立有意義的連結

是否曾經有人把你拉到一旁單獨說話，或是安排一場特別的午宴，還是手寫紙條向你表達感謝，就因為你曾經分享某件事讓他們的人生從此變得不一樣？回首過去 30 年來我跟客戶、同事及員工的互動，這些是最有意義的時刻，也是選擇這份事業如此令我心懷感激的一大原因。

這些故事各有獨特之處，可能是我在對方需要釐清思緒時讓他們看得更清楚，也可能是我提出一項新挑戰，引領他們走上嶄新或更好的事業方向。有時候只是一些小事，像是偶然的建議，或是回應他們某件事做得很好，也可能是簡單一句鼓舞的話，讓他們看到自己造成的影響而受到鼓勵。

我非常珍惜這些時刻。誰不珍惜呢？但是，我也很珍惜有人因為真的很在乎而願意冒險對我說那些我需要聽到的話。我剛開始在亞瑟安德斯太平洋西北顧問公司（Arthur Andersen's Pacific Northwest）擔任主管時，有位資深經理趁著每週一次一起去拜訪客戶的路上，態度溫和但堅定的告訴我，別再退縮了，要果決的接受領導這家公司的挑戰。我不時回想起這段對話，它是我職業生涯的轉折點。還有一次類似的狀況，發生在我進入日立顧問公司（Hitachi Consulting）幾年之後，當時我正在苦惱於無法維持對公司的向心力，有個親近的同事來支援我負責的特別專案，於是我跟她描述希望日立能夠推出一個以人為本的新服務方案。然後，她不經意的說，已經很多年沒看過我這麼興奮了，我的熱情非常有感染力。後來我發現，她的這句話連同另外發生的一些事，讓我明白我應該自己成立一個以人為本的公司。我想在日立推動的新服務方案並沒有被採用，但是幾年之後讓我創辦 PeopleFirm 公司。

這些故事最能讓我們警醒的是，我們說的話對別人有多麼大的影響力，它可以激勵人心、激發潛能，讓我們變得更好，而不是把我們打倒。如果這還不夠吸引人，讓你一起加入這場運動，應該沒有任何因素可以促使你展開行動了！

FEAR

第三章

科學怎麼說？

美國總統羅斯福（Franklin Delano Roosevelt）在大衰退時期為了安定民心說過一句名言：「我們唯一需要恐懼的，就是恐懼本身。」羅斯福很明白，恐懼會使人頹喪、低落，也會分化原本應該團結對抗威脅的個人和團體。

然而回饋對我們而言不是集體威脅，而是能讓成果更完美、宏大的共同機會。但是長久以來，恐懼限制了回饋在我們的職涯中應該扮演的重要角色，它讓回饋變調，不只阻礙良好而有益的溝通，讓原本抱持善意的同事喪氣，而且還延伸到整個組織，結果經常造成人際關係分化而不是讓分化的關係有所改善。我們為什麼會害怕回饋？又該如何解決回饋的問題？答案是必須先了解演化在我們身上遺留下的痕跡：在遭受強烈的心理情緒衝擊時，它如何支配我們的生理反應。這是人類用來迴避或逃脫的複雜防衛機制，如果能了解它，就能重新訓練我們的心智，重新思考對應的方式，一舉消滅躲在回饋背後的所有恐懼。

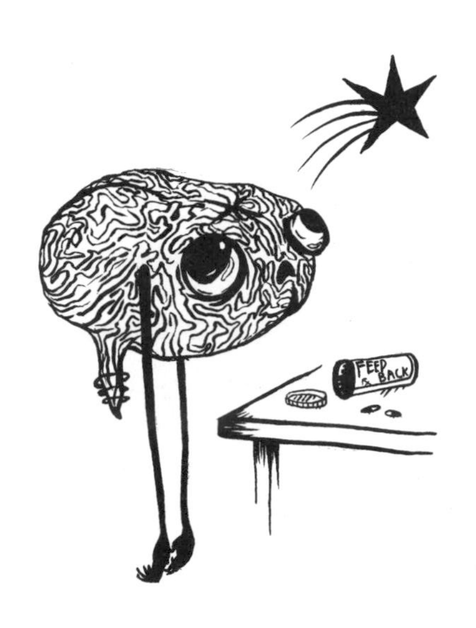

當大腦碰到回饋……

史提夫聰明、體貼又有才華，他的上司米拉也很有能力又會照顧人。有天早上米拉說：「史提夫，我想給你一些意見，你可以到我的辦公室來嗎？」

聽到這句話，史提夫的心跳加速、手心開始出汗，他抬起麻痺的雙腿走向米拉的辦公室，腦中冒出一連串負面問題：「為什麼是我？到底出了什麼事？是我搞砸還是忘記什麼了嗎？她是不是要教訓我？是不是辦公室每個人都要對付我？我要被炒魷魚了嗎？」

史提夫和米拉之間的工作關係向來良好（至少表面上是如此），他並沒有任何符合邏輯的理由去懷疑她有壞心眼，那為什麼他的反應這麼立即而強烈，而且根本完全是負面的念頭？答案來自於過去，而且不只是史提夫的過去，是所有人類的過去。

並不是每個人聽到別人要給我們意見時，都會像史提夫這樣有激烈反應，不過事實上大部分的人都經歷過類似的焦慮。史提夫的大腦就像我們許多人一樣，只要聽到回饋就會進入設定好的「戰鬥、逃跑或無法動彈」模式，他之前得到回饋的經驗並不愉快，所以這次大腦杏仁核（amygdala）很快啟動強烈的恐懼反應，這個大腦區域是所謂的「原始腦」，會啟動相應的神經系統並釋放一股強大的壓力荷爾蒙及神經傳導物質，促使他的身體進入完全備戰的狀態。

當身邊充斥著大型掠食動物和其他會威脅到生存的事物時，人類為了活命，就會演化出「戰鬥、逃跑或無法動彈」的反應。你的臉會開始變紅、嘴巴變乾，因為血流從表面組織迅速集結到四肢，而肌肉會因為準備迎戰或逃離而開始收縮、顫抖。你的心跳和呼吸加速，把充滿氧氣的血液打進身體系統中以便迅速做出反應；聽覺會變得更靈敏，瞳孔放大，視野變得就像從隧道裡看東西一樣，進入高度警戒、反應敏捷的狀態。

這是一種極端的反應，形塑自遠古的極端環境，只是我們的大腦演化速度比社會演化慢多了，所以現在還存有這種急性壓力反應。不過這樣的反應仍然有存在的意義，例如要從起火的建築物裡逃出來，或是避免車禍而快速移動等生理反應，只是如果面對情緒上而不是生理上的威脅，大腦也可能會激發這種反應，因為它無法每次都分辨出不同型態的威脅。當我們的原始腦受到情緒刺激，首先身體會變得強而有力，同時我們會把心力集中在讓自己活下來，而不是保持理性及控制情緒，於是我們會變得容易暴衝、自我封閉，或是示弱以安撫對方（變得「討好」）來減輕心裡不舒服的感覺。無論是什麼情況，我們在那一刻表現出來的樣子並不是我們想要的樣子。

史提夫和米拉之間並沒有真正建立起關係，難怪會導致災難。結果是：

沒有信賴。因為史提夫感受到威脅，他的「戰鬥、逃跑或無法動彈」反應升到最高，因此他不太可能信賴米拉，結果造成強烈的負面情緒印記。他的大腦會把這次面談的狀況記起來以備下次參考，這代表下次他再碰到回饋意見時，情況可能會更糟。

「戰鬥、逃跑或無法動彈」是最常見的急性壓力反應，不過在職場內外還有第四種常見反應：討好。當情況超過你能處理的程度，討好是一種轉移手段，我們西雅圖人都知道這種正向消極（positively negative）的防衛機制，是「西北人式友善」（Northwest nice）的其中一種表現。其實無論你住在哪裡，一定都看過那種皮笑肉不笑、言不由衷的附和，但背地卻想著「對啦，隨便你怎麼說，我可以走了嗎？」的情景，當這種情緒反應用在回饋上時，看起來對方好像接收到訊息，但他其實是左耳進右耳出。

沒有眞相。史提夫陷在這種狀態中，會無法理解或處理米拉想要傳達的任何合理回饋。

沒有展望。史提夫可能把事情想得太糟了。人類大腦很容易以偏概全，尤其是接收負面訊息時，提升績效的建議會被解讀為「慘了，我的工作出問題了」，如果想法被否決，會變成「他們覺得我在這裡沒有價值」。

有沒有方法可以讓我們在接收回饋時展現出最冷靜、最合作的表現？的確有，但是答案看似違反直覺。為了放鬆警戒，達到完全投入的狀態，我們必須安撫緊張的反應，即使沒有辦法完全不緊張，也要盡量克服它，好讓我們對於接收到回饋的反應能夠調整到最佳狀態，並且掌握這些回饋帶來的機會。為了讓回饋內容離開大腦內化到身體裡，我們要對當下的生理反應建立更敏銳的感知，並且學習如何控制它們。

帶著更冷靜、更敏銳的自我意識參與每一次具有挑戰性的對話，大腦就會創造並鞏固一條神經傳導路徑，未來碰到緊張狀況時就能產生更正向的反應。愈能處理恐懼（在這裡指的是對回饋的恐懼），這些狀況就愈不會顯得那麼有威脅性。

當你覺得困在情緒漩渦中，你要做的是盡量將注意力轉移到身體和感官上，持續至少十秒鐘或是三次完整的呼吸，充分覺察身體的感覺，以減輕恐懼、焦慮及憤怒（這是「原始腦」啟動時最常見的情緒），喚醒大腦中被稱為「智慧腦」的前額葉來運作。科學告訴我們，人無法同時「處在」這兩個大腦區域，也就是說，你無法用思考的方式來脫離感受到壓力的情緒反應，必須轉移感知到身體上，好讓智慧腦重新取得控制權。訓練大腦建立這些新的神經路徑，培養更健康的新習慣，這些都無法一蹴可幾，所以請保持耐性及樂觀嘗試以下建議，減緩「戰鬥、逃跑或無法動彈」的反應：

刻意關注雙腳的感受。雙腳用力平貼在地板上，感覺腳趾接觸地面。雙腳有什麼感覺？覺得很柔軟還是有麻麻的感受？溫暖嗎？微微刺痛嗎？持續感覺身體得到的感受，同時慢慢深呼吸幾次。

聆聽周遭的聲音。將注意力轉移到周遭。你能聽到敲擊鍵盤的聲音、隱約的車流聲，或是外面的鳥叫聲嗎？仔細聽。集中注意力在這些聲音上，試著維持十秒鐘。

洗掉舊行爲，重複新習慣。每次感到有壓力時做這些練習，就能夠培養出新的神經傳導路徑。經過幾次練習後，應該會覺得更容易轉移注意力、心智更清明。

《PQ・正向智商》（*Positive Intelligence*）作者、史丹佛大學教授希爾札德・查敏（Shirzad Chamine）把這些練習稱為「PQ 健腦練習」，建議我們每天練習 100 次、每次 10 秒鐘。（聽起來很難嗎？其實總共只有 15 分鐘而已。）

別忘了呼吸

以下是比較複雜一點的練習，可以幫助你緩和回應壓力所帶來的慌亂。美國醫師安德魯・威爾（Dr. Andrew Weil）發明「4-7-8 呼吸法」，這是個簡單的放鬆技巧，你可以運用在接收回饋時感受到壓力的情境當下。而每天累積的壓力和焦慮，導致你無法在接收或提供回饋時拿出最佳表現的時候，運用這種呼吸法也能緩解壓力，步驟如下：

1. 舌尖頂住上排牙齒後方的上顎，雙唇微微打開。
2. 只從嘴巴吐氣。
3. 閉上嘴唇從鼻子吸氣，但不要發出聲音，同時腦中默數到四。
4. 閉氣七秒鐘（第一次做可能會覺得很漫長）。屏住呼吸會讓你的心跳變慢、身體放鬆、心智活動趨緩。
5. 從嘴巴吐氣（這次可以發出聲音），維持八秒鐘。
6. 再次吸氣時，就是開始另一回合。

當然，長遠來說，要讓回饋沒有壓力，還是有賴於

我們推行的運動是否成功，能否打造一個世界讓提供或得到回饋不再是焦慮來源。這並不容易，因為恐懼有很多機會對每個在回饋生態系統的人伸出魔爪。

我們眞正害怕的是被隔離

回饋又不是要拚個你死我活，為什麼能觸發這麼極端的反應？回饋對生命有這麼重要嗎？隱藏在回饋背後的威脅，就像遠古時代的劍齒虎隨時準備偷襲一樣，究竟是什麼觸發我們的原始腦？

當我們仔細研究回饋造成的恐懼，最後會發現這種恐懼不外乎就是出於身分認同（identity）及人際關係

（connection）。沒錯，恐懼的中心就是我們的身分認同，以及這種身分認同如何形塑、如何透過我們與外在的連結或依附而變得更鞏固。我們真正害怕的是被隔離、放逐及拋棄，對我們的祖先來說，隔離幾乎就代表了死亡，雖然現代所謂的隔離沒有那麼悲慘，但是大部分人還是渴望有歸屬感，這是最主要的動機。人類是群體動物，本能的希望被包容、被看重，跟社群保持關係並受到接納，這種與吸收知識無關的需求，在在驅動著我們的行為。

所以我們會怎麼做呢？我們會尋求保護。

> 避免錯誤及批評的唯一辦法，就是什麼都不要說，什麼都不要做，當自己什麼都不是。
>
> ——改寫哈伯德（Elbert Hubbard）《奧林匹亞人》（*Olympians: Elbert Hubbard's Selected Writings, Part 2*）的名言。

我們藉由迴避及扭曲來保護自己，我們相信不聽或不說就不會受到傷害，藉此沉浸在舒適的假象中。我們避免尋求意見，因為那可能不中聽；我們也逃避分享觀點，因為那可能會傷害到與我們重視的人之間的關係（例如老闆，而不是某個在高速公路上超車的人）。別人說出來的意見可能會挑戰我們對自己的認知，以及外界或是我們在意的人對我們的看法，所以我們避免吸收這種意見，藉此來掌控這些危機。通常我們會扭曲聽到的話，以便更符合自己的想法，這麼做的目的仍然是想要保有自我形象以及與外界的連結。當我們在毫無準備的狀況下面對批評式的回饋時，這些行為或反應尤其明顯。

有趣的是，這種自我保護行為也會阻礙我們提供回饋，而且嚴重程度不亞於阻礙我們請教回饋。我們多半不想傷害自己在乎的人，所以傾向於延後或甚至完全不說可能會使對方難過或傷害彼此關係的意見。

讓我們再來看看史提夫和米拉的例子，這次我們要想想米拉面臨的兩難處境。史提夫不知道的是，米拉盡可能避免找他談話已經很久了，可是剛剛結束的專案檢討會議顯示史提夫的工作有問題，與會者要求米拉必須讓史提夫接收到這些意見。米拉理智上知道，如果她藉此指導史提夫，可以幫助他更能做好目前的專案，同時她也能在同事及史提夫面前繼續維持聰明幹練又讓人有好感的主管形象。因此，雖然是她開啟這次互動，而且可能是她來主導，但是，打個比方，她正在對抗自己的心魔。隨著見面時間愈來愈近，她腦中的負面聲音也愈來愈大：我確定我要對他說的話是確實而且公平的？他們到底要我說什麼？我擔心等一下可能不會很順利。如果他生氣怎麼辦？如果他辭職呢？也許我根本就不適合管理別人。

恐懼和焦慮蒙蔽了米拉的判斷能力，所以當她跟史提夫一起坐下來時，她已經先做了一連串預設，使她無法展開能讓對方欣然接受意見的對話。她考慮的是下列其中一條路線：

- **路線一**，她準備用「吼叫、說教或說服」（yell, tell, or sell）的模式來對話，並且盡快結束對談。結束時她會覺得腎上腺素有點升高，因為她可以把這件事從待辦清單上刪除，並且對其他人有所交代，而另一方面史提夫則會痛苦的離開。

- **路線**二，她先對史提夫表達愛護之意，接著小心翼翼的把她想說的意見帶進來，然後再回到比較正面的話題，最後結束談話。結束時她希望自己有傳達到訊息，而且因為避免掉衝突而鬆一口氣，但史提夫離開時則是一頭霧水，不知道她到底想說什麼，也不知道原因。

兩條路線的下場都是雙輸，史提夫和米拉各自都帶著恐懼進入這次談話，結果恐懼勝過一切，讓雙方都留下糟糕的經驗，最後使彼此間僅存的信任感消失。由於雙方都拚命在逃避，最後他們避掉的反而是健康又有生產力的對話，取而代之的是徹底失敗，而且還強化對回饋的錯誤觀念。

就像我在前言說過的，深入這個主題對我而言也是挑戰。我跟大家一樣不太會回饋。我很容易同情別人（著名事蹟是看到電視上感人的狗食廣告，或是在機場看著別人流淚道別，我都會哭），這種個性嚴重影響我提供回饋。

簡單來說，我極不願意對別人說出嚴格的意見，即使我知道那會對他很有幫助。我會搞混我和對方的關係、我對他的關心，以及回饋的原意。

但是，我開始學習放下自己的不情願，試著提升提供回饋的能力。老實說這會是我必須一直努力的功課，但我不斷提醒自己，對於真正在乎的人，我能做到最棒的事就是協助他們成長進步。這就必須多多鼓勵支持身邊的人（反正我也喜歡這樣做），而在需要協助他們走再遠一點的時候，我要能夠辨認出正確的時機來導正或挑戰對方。

Tamra

（譚拉）

爲什麼我們會採取絕對負面的態度？

史提夫和米拉似乎都非常屈服於心裡的負面聲音，為什麼會這樣？有許多科學上的解釋。我們知道：

- 大腦處理負面訊息比處理其他刺激來得快。
- 在評估事物的時候，負面訊息比正面訊息的影響力更大。
- 我們比較看重負面的衝擊或結果（例如，弄丟 20

美元的反應比找到 20 美元的反應更戲劇化）。

- 我們比較有動力去避免別人對自己的負面看法，而比較不會去請教正面看法。
- 處理負面訊息的時間遠多於正面訊息。
- 負面意見的形成速度快，但消退得慢。
- 比起正面事件，負面事件會被記得比較久。
- 研究發現，幾乎在每一種情境中，壞事都比好事更有影響力。

> 好事要戰勝壞事，就必須以量取勝。一件壞事抵得過好幾件好事。

總之，我們對於所謂的壞事會產生更多情緒、衝擊更大、而且影響更持久。為什麼？因為這就是人類的天性，人類的自我保護本能仍然是其中一大原因，我們的祖先要生存下來，必須依靠對負面訊號的覺察和反應速度，觸發生理反應採取防衛行動以保全自己。科學研究也認為，負面偏誤（negativity bias）可能跟演化以外的因素有關，例如人類處理及應對創傷的方式、學習的方式，以及在社交壓力下仍然堅持下去的動力。我們不需要在這裡辯論負面偏誤的形成原因，那不是這本書的目的，重要的是我們要對這種現象有所認知，了解這些知識如何協助我們解決回饋的問題。

「魔鬼氈／鐵氟龍」現象

我們傾向於記得壞事而忘記好事，這個現象常常被形容為「魔鬼氈／鐵氟龍」。當你收到負面刺激來源，它就像魔鬼氈上的刺一樣刺激你的大腦；另一方面，收到正面訊息時，則像在鐵氟龍不沾鍋上煎蛋，很容易就滑走了。

我們每個人都能很快回想起讓我們事後一直在舔舐傷口的回饋意見，這時候通常就是我們的負面偏誤在作祟。整體來說，我們接收到的正面訊息可能一樣多、甚至更多，但是這些經驗比較難回想起來。你只要記得，人類天生的傾向就是這麼強烈，這也能幫助我們理解，為什麼我們很常在接收到認為是負面的訊息時，用過度放大、過度處理的方式來打擊自己。認清這一點，也能在思考如何傳達意見給別人時，幫助我們調整自己的偏見，或是考慮是否要冒著痛苦的風險去請教意見。

下列這個故事就是負面偏誤在作祟：假設你在六月時收到滿分的績效評鑑（再說一次，我不喜歡分級或績效評估，在這裡只是為了方便舉例）。得到滿分不是應該要慶祝嗎？但為什麼你開心不起來？是不是因為經理曾說二月那件事你處理得不夠好？你的心思是不是一直對這句話揮之不去？你是否在午餐時花太多時間跟同事抱怨經理完全搞錯二月那件事的狀況？你是不是忘記曾聽到過的誇讚？在某個思緒清楚的剎那，你可能記得自己確實得到最高評等，薪水增加到同級最高，而且從最近派給你的新任務看來經理對你的能力有信心。但是那個負面回饋仍然刻骨銘心。如果你曾經因為一個負面回饋就摒棄其他正面的評價或經歷，那麼你就必須調整心態，想想負面偏誤可能會降低你接收正面及精準評價的能力。

拿回選擇權

想想看你是樂觀主義者還是悲觀主義者？你知道這是可以選擇的嗎？有趣的是，我們處理負面意見時的選擇扮演相當重要的角色。當我們卡在負面意見太久，或更糟的是永遠記得負面意見，潛力就會受到限制，剝奪我們前進的意志。正向心理學之父馬丁・塞利格曼（Martin Seligman）在《學習樂觀・樂觀學習》（*Learned Optimism: How to Change Your Mind and Your Life*）中警告我們，不要把負面事件看成是「永久的、針對個人的，或是無所不在的」。比較悲觀的人容易把聽到的意見當成永久的（我一直都是這樣子）、無所不在的（我做什麼都很爛）、針對個人的（為什麼被批評的總是我）。如果我們能夠把想法改變得樂觀一點，就可以提升能力，把這些話聽成是「暫時的」（好吧，下次我會做得更好）、視情況而定的（在那個艱難環境下很難成功）、特定的（好吧，這次嘗試的結果不是太好）。

選擇權在你手上。

> 當你做決定時，可以想想行銷大師賽斯・高汀（Seth Godin）説過的這段軼事：詩人唐納・霍爾（Donald Hall）曾説過一個故事，有個隱居在新罕布夏州的人過世時留下好幾間囤積物品的小屋，其中一間屋子裡面有個盒子貼著「不值得留的細線」的標籤。我們就是這樣，讓瑣碎小事掩蓋我們最棒的部分，就算遇到的是微不足道的輕視、小小的拒絕、過了就忘了的小障礙、不值得保留的爛想法等，我們還是把它們都留下了，就是這些東西讓我們無法前進。若是能珍藏讓我們能量滿滿的回憶，其餘的都拋在腦後，那會發生什麼事呢？

心態很重要

史丹佛大學心理學者卡蘿・杜維克博士（Dr. Carol Dweck）研究信念的力量，包括有意識和無意識的信念，即使是改變最簡單的信念，都會對幾乎每個生活層面造成深遠的影響。她的研究內容彙集在《心態致勝：全新成功心理學》（*Mindset: The New Psychology of Success*）中，結論是心態（mindset）對於績效和學習非常重要。根據她的說法，心態是人們看待自己的一種「自我理解」（self-perception）或是「自我理論」（self-theory）。此外她還提出「定型心態」（fixed mindset）及「成長心態」（growth mindset）這兩個名詞，來描述人們如何處理人生、挑戰和表現。

>「我不把世界區分成弱和強、成功和失敗……我把世界區分成學習者和不學習者。」
>
>——班傑明・巴博（Benjamin Barber），知名社會學家

根據杜維克的研究，「在定型心態中，人們相信智力或天分這些基本素質是固定不變的特質。他們把時間用在記錄（documenting）智力或天分，而不是發展（developing）智力或天分，而且還相信只要有才能就可以成功，不需要費心費力。」另一方面，「抱著成長心態的人相信，透過專心致志與努力不懈，可以發展出基本能力，頭腦和天賦只是起點。這樣的觀點會創造出熱愛學習的性格及韌性，這些對於達成偉大成就是非常必要的條件。」總之，心態是影響我們成長及提升潛力的關鍵因素。

研究顯示，具有成長心態的人（相信才能可以發展出來）比定型心態的人（相信才能是與生俱來的天賦）

更容易有所成就。杜維克的研究發現有許多因素影響這個結果，我把幾項值得注意的行為因素整理成下表：

定型心態 vs. 成長心態

	定型心態	成長心態
挑戰	避免挑戰	迎接挑戰
阻礙	容易放棄	遇到挫折時能夠堅持
努力	認為努力無用或更糟	認為努力是通向精通的道路
批評	忽視有用的負面回饋	尋求回饋並從批評中學習
別人的成功	感覺別人的成功會帶來威脅	從別人的成功找出教訓及啟發

了解定型心態和成長心態的不同，是我們解決回饋問題的關鍵。當你比較過這兩種心態之後，就能清楚明白箇中原因：想要更好的回饋經驗，正需要抱持成長心態的人所展現的這些行為。此外大家可能還都忽略了一點：為了讓回饋成為協助我們改變、轉換、成長及提升的催化劑，提供與接收回饋的雙方都必須抱持著成長心態。

小時候，我和爸爸每年冬天的週末都會去蒙大拿州的大山（Big Mountain）滑雪度假山莊。我爸爸是競速教練，所以整天都在忙，我就去上課或是跟朋友一起滑雪。到了最後一天開車回家時，我爸爸一定會問：「今天你跌倒幾次呢？」如果我回答沒有，他就會不以為然的搖搖頭說：「如果你沒有跌倒，就沒有學到東西。」

我爸爸非常了解我，他知道我對自己滑雪能力的看法已經定型，我從三歲就開始滑雪，早就認定自己滑得夠好了，而且以後還是會這麼好。但我爸爸不是定型心態的人，他知道我還有很多進步的機會。當然，他是對的，但我當時並不明白。現在我明白了。話雖這麼說，我必須承認我還是不喜歡跌倒，尤其現在我已經不是小孩。但是當我站在滑雪坡上，爸爸的話有時還是會閃過我的腦袋，這個時候，我就會把自己推出舒適圈外一點點。

（譚拉）

啓動你的成長心態

心態就跟生命中幾乎所有事情一樣，並不是非黑即白的議題。我們所有人都同時具有成長心態和定型心態，而且這兩種心態的混合會根據我們的經驗隨著時間演化。我們可能對自己的某個方面抱著定型的觀點（例如：我不會跟人閒聊），其他方面則是抱持成長心態（例如：我還不太懂企業策略，但是我猜應該很快就能學會）。我們對於自我理解的分析是受到生命史的影響，也就是父母、老師、教練、老闆或是朋友所說的話，還有對我們造成影響的人生經驗，以及我們信奉的刻板印象等。

好消息是，我們可以改變自己和其他人，從以定型心態為主轉換為以成長心態為主。不過，就跟我們前面提到的改變大腦一樣，這也需要集中注意力與重複練習。

調整心態

對於想要成長及學習的人來說，重要的是持續查看自己的心態，這需要我們聽見自己心裡的聲音。例如，面臨新的挑戰時，你是不是想著定型心態的訊息？如果是，就要重新衡量這個訊息，設法轉換為成長心態，就像下列的例子：

在定型心態與成長心態下如何看待自己

定型心態	成長心態
我做不到。 我是個失敗者。	我還不知道怎麼做這件事。 怎樣才能從這件事學到更多？
我本來就不是細心的人。	到目前為止我做事還不是很細心，如果在網路上搜尋「如何注意細節」，不知道會有什麼發現。
如果我有莎拉那樣的人際交往技巧，就能談成這筆交易了。	我猜如果學會一些人際交往技巧，這次交易可能就會談成了。我想應該來跟莎拉討教一下，看看能學到什麼。
我應該不會接下這個任務。	我現在不太想要接下這個任務，但是給我幾分鐘時間，讓我把它分解成幾項小任務，再來看看感覺如何。

一旦你變得更能夠持續覺察到自己的定型心態，而且更能轉換到成長心態之後，可以看看你能否在面對別人時也運用同樣的轉換技巧。如果你經常發現自己對別人說出來的話都是在評價對方的潛力，那麼你可能就是抱持著定型心態。當我們對別人學習成長的能力抱持定型心態時，就是在無形中設限，這會導致我們不把有挑戰性的工作交給他們，而那可能是有助於他們拓展能力以及其他專業學習的機會。下列是幾個定型思考的例子，與抱持成長心態看待別人來做比較：

在定型心態與成長心態下如何看待別人

定型心態	成長心態
吉姆一定做不好這件事。	吉姆還不是很擅長這件事，但他以前學會過新事物，還可以再學。
我必須把那個專案交給瑪麗，因為珍無法處理。	我滿確定瑪麗比珍更能處理那個專案，但是這對珍會是個很棒的學習機會。我可以幫助她起步。
如果我向湯姆誠實說出對他負責的專案的看法，他可能會抓狂。	我想給湯姆做的那件專案提供一些回饋意見，但我也要強調我對他的能力有信心，讓他能夠改正錯誤、做得更好。

無論是看待自己或別人的能力、極限及潛力，我們都要仔細調整到正確的頻道，聽見內心的聲音，藉此把剛萌芽的定型心態模式給去除。要是真的聽見自己的定型心態的訊息，我們可以養成重塑這個訊息的習慣，促使它得以刺激成長、而不是阻礙成長。

從證明轉換成改善

每當我痛苦的反省自己過去的樣子，我發現幾乎都是在試圖對別人或是對自己「證明自己」。你知道我的意思吧？就是那種我們忙著表現出自己的想法正確、聰明、有才能、風趣的樣子，無論目的是什麼，我們把焦點放在展現自己，而不是抱持開放的心態，去關注別人的需求和觀點。我希望我能夠告訴你，那種行為已經是過去式了，現在我處於比較有智慧、成熟、看透世事的人生階段（或許我只是自言自語罷了），不過，如果我這樣說的話就是在騙人。但是我可以誠實對你說，現在的我比過去的我更能意識到自己什麼時候不小心掉進

「證明」（prove）模式。我不只能夠覺察到這一點，而且還更能控制它，刻意把它切換成「改善」（improve）模式。當我們按下開關，從「證明」切換成「改善」，就能轉換為成長心態，打開心扉迎接更多機會。

由於人類渴望與其他人建立關係與證明自己，所以我相信我們得一直抵抗拍胸脯證明自己價值的欲望，但我同時也相信我們可以一起提升自我，把時間花在改善思考模式。接收到回饋時，你能夠送給自己最棒的禮物就是轉換心態進入成長模式，坦然思考所面臨的回饋能夠如何幫助自己進步。這樣做，你就不會因為把別人的建議或想法看成是威脅而在內心糾結不已。而當你提供別人回饋意見時，也可以藉由從「證明」模 式轉換到「改善」模式來測試自己的本意，也就是自問在給予這項訊息時，是在幫助對方進步還是想要證明什麼？轉換心態，可以大幅改善提供回饋意見的對話品質。

練習造就完美

我們與回饋的關係充滿荊棘，大部分是因為受到人類本性的影響，而我們有能力改變這個關係。恐懼、傾向負面思考、經常扭曲原意，這些都是人性的一部分，但是如果我們放任這些反應不去反省檢驗，就會折損我們請求、提供、接受回饋的能力和意願，即使是被視為正面的回饋也一樣。

幸好，資訊就是力量，認清這些人類傾向，能讓我們脫離這些天性的掌控，解放自己，只要多練習就能做得更好。每次察覺到自己的恐懼時，先認清這些恐懼，再從回饋意見的對話中監控這些恐懼，我們就能在大腦裡建立一條新的路徑，取代掉那些又舊又爛的選項（例如防衛、避重就輕、妥協或逃跑），最後用好習慣取代壞習慣。

用科學術語來說，這個過程叫做「神經重塑」（neuroplasticity）。神經重塑在科學上已經獲得證實，我們透過每天的經驗持續不斷的塑造大腦，簡而言之，我們可以用心靈來改變大腦。每一次的經驗都是在創造新的行為，可以建立新的神經路徑，就像被踏過許多次的登山路徑，漸漸就在林地上刻劃出明顯的痕跡。

重複練習以建立新的路徑，想起來簡單，但是做起來就需要決心、時間以及大量練習。嘿，我可沒說推行這項運動是很簡單的事！

FRESH START

第四章

全新的回饋模式

現在重新開始。我們要推行一場運動，全員朝著相同的方向通往回饋的新世界，為了確保成功，我們要拋棄傳統思維和壞習慣。在上一章，我們已經從科學的角度了解人們與傳統回饋之間的不良關係，這些知識可以派上用場。

現在我們要把焦點放在前方，朝向新的開始，在共同的願景及承諾之下給予回饋全新的面貌。我們將用共同的語言重新定義回饋，並且為正面、有影響力、能提供最佳方案的意見回饋訂定新的角度及觀點。

回饋的新定義

查閱牛津字典裡「回饋」（feedback）的定義，我們看到的是：

feedback (noun)

1. / fēd bak/ Information about reactions to a product, a person's performance of a task, etc., which is used as a basis for improvement.
（對某項產品或某個人工作績效的反應，用來作為改進的基礎。）

這樣的定義並不是不好，但也不是很棒，而且絕對不足以開創回饋的新時代。這個定義沒有提到回饋訊息是要讓你覺得不適任、被貼標籤，或是感到失望，但是大家對回饋的理解都是這樣。此外，這個定義的重點放在績效、工作及改進，對於我們要推行的新運動目標來說也太過狹隘，而且「反應」這個詞還帶有一絲挑釁意味，不是嗎？

因此，讓我們把這個傳統解釋放在一旁，為現在要推行的運動找一個新定義。這個定義將會改變我們對回饋的理解、反應以及投入程度，而且能更明確的代表我們追尋的結果與未來。就像這樣：

feedback (noun)

1. / fēd bak/ Clear and specific information that's sought or extended with the sole intention of helping individuals or groups improve, grow, or advance.
（單純為了協助個人或團體改善、成長或進步，而請教或給予他人清楚明確的訊息。）

就跟所有定義一樣，這些文字都經過字斟句酌。讓我們把這個定義拆解來看，更深入了解這個新定義以及刻意設計的意義：

清楚明確。我們分享的訊息必須夠明確才會有意義，它能夠提供清楚的解釋，並且啟發適當的行動。

請教或給予。懇求回饋與提出回饋一樣重要，目的都是分享訊息。

改善。當行為、做法、舉動、態度等成為障礙，就該是改進回饋的時候了。以改善為導向的回饋，應該協助個人知道要改變什麼，並且為改變後的新樣貌提供測試方法。針對阻擋我們達到更理想成果的事物，最好的改善方式是提出新的思考角度，並且著眼於未來、而不是埋頭在過去。

成長。在我們的新定義中，所謂成長的範圍很廣，我們每一天都可以成長，只要能更加覺察自己是誰、了解周遭世界如何運作、發展新才能、拓展人脈、學習或實驗新的概念等等，這些都是成長。成長是一個永無止盡的旅程，當我們懷著目標去追尋，它會讓我們每一天都變成更好的自己。

進步。要進步就需要成長，同時進步也意味著移動，例如在公司裡往上爬、肩負更大的責任，或是接下組織裡位階更高的角色。我們每個人對於成長與進步都各有想法，而且兩者在生活與事業中的重要性也有所不同。我們必須接受未來每個人都會追求成長，也都有選擇是否讓自己更進步的自由，簡言之就是有些人可能會選擇成長，但卻不那麼在意自己有沒有進步。

這樣才算是回饋！

當我試著讓某個新觀念進入腦袋，我發現一個很有用的方法是，利用對比列出它「是什麼」以及「不是什麼」。以下列出我們對回饋新觀念的比較：

回饋是……，而不是……

回饋是	回饋不是
工具	武器
溝通	指控
以信賴為基礎	充滿懷疑
提出有脈絡的觀察	說出缺乏脈絡的評價
幫助對方往更好的方向邁進	意圖展現你的權力
思慮周到且明確	鬆散且冗長
從共同經驗中汲取的觀點	意圖展現你聰明才智的故事
有建設性	有破壞性
給予	懲罰
引發自己反省	要引發自責
幫助別人	糾正別人

強調正面的意涵

有一個詞一直像幻影一般附著在回饋的前方，你猜得到是哪個詞嗎？如果我說：「我有一些意見要回饋給你。」你會怎麼想？可能是負面意見吧。我猜你聽到的是：「我要給你一些『負面』回饋意見。」你並不是唯一這樣想的人，因為我們大部分人的心裡都可能會對這個應該是無害的句子冠上黑暗的意義。

認定回饋就是負面的意見，幾乎是一種本能的衝動。我們要怎麼跨越它？可以從對回饋重新定義開始，這個新定義並沒有限定回饋的本質，也沒有說接收的一方認為回饋是正面或負面的，但這個定義經過刻意的設計。

現在我們需要釐清對於正面回饋及負面回饋的想法。一般最常見的誤解是，要改變一個人的行為或做事方式，最好的做法就是指出他們做錯的地方，大部分人都有這種觀念，尤其是在西方文化長大的人。我一直以為這是對的，而且跟別人一樣，認為提供回饋的「正確做法」就是鼓起勇氣指出某件事必須「糾正」。

天哪，我真是大錯特錯。如果你還相信負面回饋是最有效果的選項，那麼我想你也是錯的。（哈，這正是我給你的小小負面回饋！）當某事或某人真的失去控制時，負面回饋（在我們的新運動中，它將改名為「改善回饋」）確實極其重要，我指的是，當某人或某團體的行動及舉止會對他們的未來造成嚴重問題，或者是顯然影響到周遭的人的時候。如果你目擊有人正要從跳水台跳進沒有水的空池裡，你當然要阻止。直接點明、討論這件事，把焦點放在它會造成的影響，並且在提出意見時不要帶有評價。提供回饋意見是因為你關心那件事，並不是想要展現權力或是你有多正確。

當你和同事、老闆或團隊一起工作時，大家有那麼容易行為脫軌嗎？不會吧。所以你要把心力和焦點放在傳達正向回饋：這會是你最有能力和影響力的地方。正向回饋是要人們持續做對的事，做好做滿，以磨練他們的能力。正向回饋能鼓舞人心，讓我們進步且有衝勁去更努力嘗試。正向回饋會創造出聚焦的能量，而這股能量會驅使我們進步、成長，達到更好的成果以及更大的影響力。

正向回饋一定都是認同，但是，認同不一定都是正向回饋。

正向回饋 vs. 認同

我們在釐清回饋的定義同時，也要來分辨正向回饋和認同的差異。如果我們以「我真的很喜歡跟你一起工作」這種常見的話來表示對某人的認同，即是表達善意及鼓勵。這是一種很棒的認同方式，我們也應該經常說這樣的話，但是這句話並不是正面回饋。為什麼？因為它不夠精確，對方也不能依據它來採取行動，它並沒有說出為什麼你喜歡跟某人一起工作，或是合作過程中哪個部分讓你覺得最有價值。如果你說：「我真的很喜歡跟你一起工作。我注意到你能夠吸收我的想法，並且進一步發揮出來，你這方面的能力真的能改善我們團隊的行銷品質。」這樣才是正向回饋，同時也是表達認同，因為這句話傳遞了你重視的價值，也表達出這項價值如何影響結果。

我的建議是，正向回饋跟認同都多多益善。花時間對周圍的人表達你的認同，也思考你可以對哪些方面提供明確又可行的正向回饋。跟你一起工作的人會感謝你的努力，在認同和正向回饋兩方面都是。

請求回饋、接收回饋、提供回饋的人

我們的新開始不只是要給回饋一個全新的定義，還要建立共同語言來釐清回饋過程中不同的角色。在回饋過程中的任何時刻，我們可能會扮演以下三種角色之一：請求回饋者（Seeker）、接收回饋者（Receivers）以及提供回饋者（Extenders）。

聽起來好像很單純，不過，重要的是我們要對這些角色有一致的定義，請見下頁。

我們都會經常在這三種角色之間轉換，所以接下來會各有完整的章節來解釋每一種角色，仔細探索每種角色的獨特挑戰與應該修正的地方。不過，首先讓我們來談談，要成功並有效的扮演這三種角色，應該如何打好基礎。

Seekers

請求回饋者：為了發展或成長而積極請求別人提供回饋的人。

RECEIVERS

接收回饋者：接收回饋的人，無論自己有沒有去請教別人或想不想要回饋。

EXTENDERS

提供回饋者：給別人回饋的人，可能是主動提出回饋，也可能是應別人要求而提供回饋。

FOUNDATIONS

第五章

建立良好回饋的三大根基

信任的力量

信任、信任、信任！回饋要能發揮作用，信任是最關鍵的要素。

如果給你意見的是你不信任的人，或是跟你之間沒有任何共通點，那麼即使對方提供正向回饋，你也很可能直接忽略。如果你跟某人分享一個觀點，但他並不相信、不了解你，或是跟你的價值觀不同，那麼你可能會激起對方「戰鬥、逃跑或無法動彈」的反應。信任是回饋的潤滑劑，能讓訊息順暢交流沒有摩擦。一旦缺乏信賴，就無法經歷到我們追求的成長、改善及進步。

信任是有價值的東西，並不是像萬聖節發糖果那麼輕易取得。信任也不是由單一事件促成，而是透過一次又一次的重要經歷把彼此串聯起來才能建立。信任很難獲得，但非常容易失去，要建立真正的信賴關係，必須是雙方都相信對方。

要建立信賴感，需要累積一段時間進行助人而非傷人的回饋交流。在充滿信賴的對話中，回饋能夠創造出更穩固的循環，這條軌道可能是正面的，也可能是負面的。運用良好的回饋做法，避免引起大腦的恐懼中心拉警報，正是培養信任的關鍵。信賴能讓我們以成長導向而且更有生產力的方式往前邁進。

我們無法逼迫任何人相信我們，但是每個人都能採取堅定的行動，讓別人更容易願意相信我們。以下是幾個基本要點：

保有人性。當我們頂著頭銜、地位以及期待，很容易就忘記我們只要當個「人」就好。什麼叫當個「人」?

- 承認自己會犯錯！
- 真誠呈現出你是什麼樣的人，展現你的價值觀。
- 更有人味。大膽分享你的想法和感受。無論是在工作或生活上，勇敢表現出自己的情緒，有助於我們更容易與另一個人建立關係。
- 不要過度認真。我是認真的！

言而有信。如果你沒有做到承諾過的事，或是待人處事沒有誠信，沒有人會信任你。

- 說到做到，做不到就承認。
- 不要提出自己給不起的東西。
- 始終如一：可靠是關鍵。
- 不要說謊、隱瞞、誇大，或是說些言不及義的空話。

釋出善意。只有在安全的環境中才能孕育信賴感。如果你反覆無常，對方的恐懼就會瓦解對你的信賴感。以下這些做法才會令人相信你：

- 鼓勵別人。
- 懷抱善意發言，對話中盡量減少批評、防備及責怪。
- 人們需要你的時候你要在場。
- 把別人的需求看得跟自己的一樣重要。

建立連結。信任需要有好的連結，而好的連結需要投入時間和心力。這表示我們要：

- 多與人相處，而且人在心也在。
- 總是尋求雙贏。

- 促進合作，放棄控制。
- 真正考慮別人的觀點和想法，不多做評價。

建立連結是第一要務

連結能啟動信賴感，而信賴感能啟動回饋，要解決回饋的問題，就必須從建立人際連結著手。透過這些連結交流的時刻，可以建立起人與人之間的關係，從中建立信賴感，有了信賴之後，才會有能夠產生絕佳回饋的健康環境。建立連結沒有捷徑，需要時間，不過這個時間花得很值得。

藉由送出以下訊息，信賴感能夠協助消除原始腦的「戰鬥、逃跑或無法動彈」衝動：

- 對方是朋友不是敵人，所以我不需要戰鬥。
- 這個人考量的是我的最佳利益，不可能會傷害我，所以我不需要逃跑。
- 我可以把頭往前伸一點，冒一點風險說出我的想法、感覺，以及犯過的錯誤。我不需要變得無法動彈或是討好。

人類本來就是社會性的物種，我們最享受的時刻是跟別人交心親近，而最難受的通常是因為社會隔閡、失去連結或是缺乏歸屬感。（請記得，缺乏歸屬感時感受到的威脅，就是我們害怕回饋的主要原因。）當我們在工作上花時間與漸漸熟悉的同事建立起友好關係，就能為了彼此的福利、信賴以及安全，培養出強烈的個人及集體意識。當這些因素都具備時，我們更有可能願意冒險及創新，或是在必要時多走一哩路。當我們跟別人連結、彼此信賴後，你猜會發生什麼事？我們會更容易請教、提供以及接受回饋。

推廣回饋運動就從這裡開始：與每天一起工作的人建立關係，不只是老闆或部屬，還有同事、其他單位的朋友、廠商客戶，以及其他與我們一起合作把工作做好的人。這些人都能提供回饋，幫助你成長、改善、進步，而我相信你也可以跟他們分享有助益的想法。

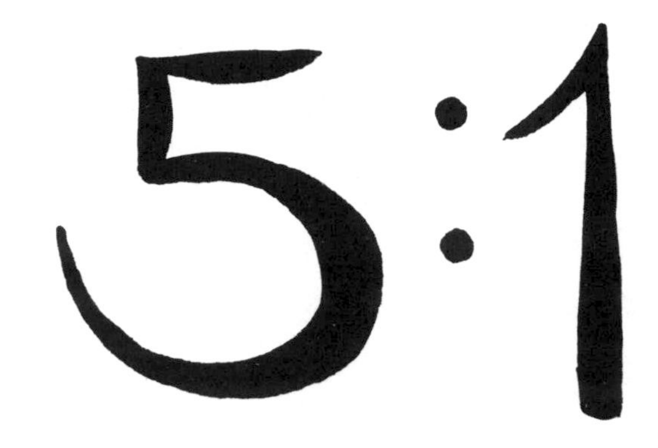

高特曼的 5：1 比例

請記住 5：1 這個比例！這組數字頗具啟發性而且反應出真實情況，它是讓因信任而產生的人際關係能夠永續發展的核心。

約翰・高特曼博士（Dr. John Gottman）是知名顧問，專長是婚姻穩定及離婚預測，我們 PeopleFirm 團隊非常相信他發現的 5：1 法則。高特曼博士 40 年來的研究及著作，在我們從事領導力、團隊動力，當然也包括回饋的工作上產生很大的影響。

高特曼博士和研究夥伴羅伯・李文森（Robert Levenson）找了好幾對夫妻進行一項長期研究，為時九年。[1] 他們的研究發現非常驚人，下列幾項是重點：

- 關係很好的夫妻投入婚姻的程度與關係不好的夫妻完全不同。
- 幸福與不幸福的夫妻，差別在於衝突時正面和負面互動是否達到平衡。[2]
- 穩定而幸福的婚姻，每有一次負面互動，就有五次（或更多）的正面互動。（比例是 5：1）
- 研究者預測，無法達到這個比例的夫妻，最後有超過 90% 會離婚。

如果投入程度以及正面互動對婚姻穩定度的影響如此深遠，那麼他們的發現或許也可以轉而應用在職場人際關係上。

5：1 比例的具體做法會是什麼？當然不是要你憑空想出正向但卻不真誠的五件事，5：1 比例的意思是，增加與別人的正向連結，比例要達到 5：1 這麼多。這些正向互動不一定要跟回饋有關，想要與人建立關係可以參加社交活動、真心問候某個人的近況、表達肯定或感激之意，或是同心協力處理一件困難的挑戰，甚至也可以只是聆聽某個同事訴說當天碰到的挫折，或是以正向的態度挑戰另一個人的觀點。事實上很多事情都可以增加信賴感，聽起來好像不難執行，但是我們大多每天忙得焦頭爛額、行程滿檔，很難有時間精力來做這種正向互動。所以我們必須積極挪出時間，把對方的需求放在第一位，然後展現出我們真心在乎並且願意與對方產生共鳴，以此建立起緊密的關係。我們的運動要成功，就必須每一天都做到這項困難（但又不那麼困難）的事。

我們推行的全新回饋，基礎就在於穩定有安全感的信賴、連結以及人際關係。要如何達成這些目標，高特曼提出的5:1比例就是一個強而有力又簡單明瞭的提示。

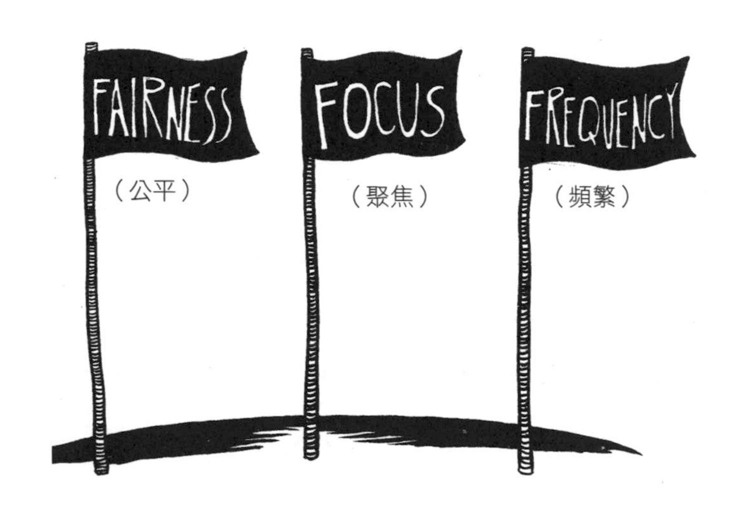

回饋的三大根基：公平、聚焦、頻繁

每個成功的運動都需要一項行動訴求。一個能夠激勵追隨者的口號，以及能夠讓追隨者衷心信服的使命。法國大革命的口號是「自由、平等、博愛」，而我們的運動主張則是「公平（Fairness）、聚焦（Focus）、頻繁（Frequency）」。我們要驕傲的揚起這面 3F 大旗。

接下來我們要談的是，每一個絕佳的回饋經驗如何奠基在公平、聚焦、頻繁之上。這三者結合起來，能分別為請求、提供以及接收回饋者三方創造出安全的環境，讓大家得以請教、分享、消化以及探索有助於成長的建議。許多數據可以佐證這項做法，包括 2002 年「企業領導力」（Corporate Leadership）研究，調查超過 19,000 位受雇者發現，增加績效最有力的做法是主管提出公正而精確的敘述性回饋。經常觀察部屬，並且不帶評價的說出他們對某個明確案例的觀察，這樣的主管績效表現可增加達 39%。[3] 接下來的章節，我們會探討各種能夠造成影響的回饋場景，而公平、聚焦和頻繁將會是其中的要素，所以，我們要先確定大家都完全了解作為基礎的每一項根基。

公平

我們要探索的第一個 F 是公平（Fairness）。我們常聽到生氣的小孩哀嚎「不公平！」，兒童藉這句話來學習如何排解那種沒有被公平對待的感覺。然而當我們成為大人步入職場後，這句小孩子才會叫喊的字眼仍然存在我們的腦袋裡。我們可能會使用比較成熟的語句或是小聲嘟囔來表達抱怨，但是，覺得不公平而引發的憤恨和挫折，仍然深深刻劃在內心。

公平與信任密不可分，所以，要做到成功的回饋，公平是再重要不過的角色。公平能夠使雙方關係更密切，不公平則會傷害關係或者使關係破裂。如果雙方關係不平等，回饋就不會有效果；如果意見本身或是給予意見的人不公平或帶有偏見，導致彼此缺乏信賴，那麼接收意見的人就會退縮到自我保護模式。因為我們的原始思維會告訴我們，想要保護珍愛的人事物，就應該逃離這個場面，即使訊息可能有價值也要拒絕。反之，當我們投入公平而值得信賴的回饋對話中，就不會認為這是「威脅」，而會真正定下來聆聽，由聰明理智的大腦主控談話。當公平的回饋一再得到強化，變得就像呼吸一樣自然，我們就會與每一個參與回饋的人建立起更緊密的關係，並且帶著能夠幫助我們成長、發展以及發揮潛能的訊息結束互動。

要做到公平，其中一個挑戰是我們每個人都不可避免的存有認知偏誤（cognitive bias）。[4] 無論你是提供或接受回饋的那一方，在交流時都免不了會被自己的偏見（bias）影響，因為偏見是我們用來做出評斷和預測的捷徑。身處在每天都面臨上千個選擇的世界裡，偏見是一種生存本能，幫助人類大腦快速選擇。

聽到「偏見」這個字，我們會自動想到種族歧視或是政治偏好。儘管種族、宗教、性別以及其他類似的偏見是最糟糕的認知偏誤，重要的是，我們也要認清各種認知偏誤都會影響我們的觀點，導致錯誤的想法。我們已經討論過負面偏誤，以及它如何經常影響我們接收回饋的感受。驗證性偏誤（confirmation bias）則是另一種危險的偏見心態，它會讓我們尋求證據來支持或確認目前的觀點，並且無視與我們意見相反的證據。其他一般熟知的偏見心態還包括近因偏誤（recency bias）、光環效應（halo effect）、正面偏誤（positive bias）等。最近我最喜歡的偏見叫做偏見盲點（bias blind spot），就是人會傾向於認為自己比別人更沒有偏見。其實，如果你上維基百科查閱認知偏誤，非官方名單上就列出兩百種偏見，所以不難理解為什麼其中幾項會對回饋的公平性有負面影響。

你以為你可以跳脫偏見的影響嗎？錯了。即使是最心存善念的人也無法完全擺脫偏見。那麼，如果我們都帶有好幾項不同形式的偏見，到底要怎樣才能做到公平？這是個好問題，我們等一下會繼續討論如何因應這個挑戰，但是現在先注意下列幾點：

- 首先，要接受我們都有偏見，要繼續努力加強覺察能力，了解偏見如何影響思考。
- 提供（或接收）意見時不帶著評斷的態度，就能更放心的進行回饋。
- 把回饋變成一段充滿探索的對話，就能將偏見的影響降到最低。所謂探索的對話是指開放坦誠的交流觀點或經驗。
- 最後，如果眼光能夠放得更遠，可以邀請更多人提供意見想法，回饋的結果會更好。換句話說，對抗大腦天生就有的偏見，最好的一項武器就是尋求各種不同的參考資料來源。

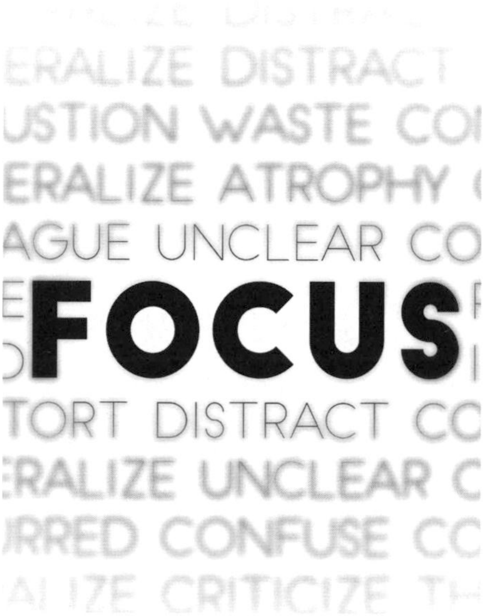

聚焦

良好回饋第二個重要的根基是聚焦（Focus），要讓回饋更有針對性、更有目標而且簡短，也就是要將想法化整為零來傳達。太多訊息會使人無法消化，所以必須切中要點，不然接收回饋者的大腦就會關機，無法聽進去你說的話。

我喜歡把聚焦的回饋意見想成是在吃零食，而且吃的是充滿正面和可能性的小點心，不是讓人想吐的績效報告或是謾罵。我最喜歡行銷大師賽斯・高汀說的至理名言：「吃點心就是學習。」當然，回饋也是學習，但如果能夠精煉濃縮成簡潔、明確、能夠轉化成具體行動的一小段訊息會更好。記住，不管是計畫好還是臨時起意的對話都要聚焦，臨時想到的感激、肯定、提點或指導，就像是端出一小口就能吃掉的分量，會比花費幾小時的訓練課程、研討會，或是落落長的列出上年度做對和做錯的事，更能提升績效表現。

頻繁

如果公平和聚焦是回饋的燃料，那麼第三個 F 頻繁（Frequency）就是加速器。經常與人交流，聲量會更大，像是「我有在注意，你做的事很重要而且引人注目，我以你為優先。」光是這樣的話語就能釋出許多善意，更別說那些藉由分享資訊及建立關係而來的額外正面影響，甚至還沒有算進來呢。我們之前提過的「企業領導力」研究顯示，若是主管清楚明白部屬的表現，那麼績效會提高達30%。以提高績效表現來說，這個數字可是相當高！

頻繁的祕技在於它是非正式而且即興的做法。迅速的觀察、忠實客觀的表達，這種回饋的影響力會比偶爾一次的正式對話來得強大。世界各地的企業組織已經拋棄那種枯燥乏味、毫無效能的年度績效考核，改用經常且持續的意見回饋促成有意義的合作。

那麼，頻率多高才算是「經常」？研究建議，最少每兩週就有一次非正式的交流，這樣的效果最好。如果回饋是你的日常習慣，那麼效果會更好。花這些時間值得嗎？絕對值得。因為回饋頻率夠高不僅能提升雙方關係，加速我們的學習，它還是個簡單而有效的方法來深化神經傳導路徑，以提升各種回饋的效果。

注意力的藝術

如果你只能從這本書帶走一項做法，蘿拉和我都希望你不要在意那些訓練課程、演講或是文章，也不用勉強隱藏你對回饋的偏見，只要把精力用在一件事就好，那就是注意力。要從正式的績效評鑑轉型到更即時、簡易的做法，那就是發揮注意力，這對我們推行的新回饋運動很重要，我們說它是一種藝術：注意力的藝術（The

Fine Art of Noticing，簡稱 FAN）。

在「公平、聚焦、頻繁」之下執行的 FAN 非常強力有效。注意力是不帶評斷的觀察，當你不帶評斷的注意自己、其他人或是各種行為，會觀察到人事物本來的樣子，不受情緒影響。線上字典網站 Dictonary.com 對「觀察」（observe）的簡單解釋是：「專注的去看，尤其是為了了解或學習某件事。」令人驚訝的是，FAN 就像其他能夠改變世界的觀念一樣，它並不複雜，但是在巧妙執行之下卻能使回饋改頭換面。我們認為，FAN 就跟其他手工藝一樣需要練習，愈做愈好之後便會建立起只有關注、沒有評斷的新神經迴路，並且成為我們的第二天性，就像呼吸一樣自然。

1. We commit to the idea that noticing is about helping others and ourselves understand, learn, and grow.
2. We notice without judgment, sharing clear and factual insights.
3. We rely on firsthand observation, not hearsay or assumptions.
4. We focus on the moment, the present, the here and now.
5. We fully embrace fairness, focus, and frequency in our craft.
6. We accept that noticing is not about status, power, or position.
7. We acknowledge that noticing applies both to ourselves and to others.
8. We act as witness to the progress around us, we don't wait for perfection.
9. We are tuned in and paying attention - always.
10. We consider the future, the possibilities. "How can my noticing help us see and learn together?"

左頁我們提出十項承諾可以幫助你培養注意力。

了解 FAN 的意義之後，我們也必須認清被捨棄的一些傳統回饋做法，這件事一樣重要。一旦採用 FAN 的做法，我們就不會再花時間正經八百的坐下來檢討過去的錯誤，也不再列出好壞、優缺點、表現高低的清單；不再評價、排名以及比較。還會取消匿名的 360 度回饋調查，並且很小心的不涉入三角溝通（triangulation）

左頁圖說

注意力的藝術

10 項承諾

1. 我們承諾，注意力是為了協助他人和自己了解、學習和成長。
2. 發揮注意力時不帶評斷；分享明確且有事實根據的見解。
3. 以第一手觀察為依據，而不是道聽途說或是臆測。
4. 聚焦在當下。
5. 完全在「公平、聚焦、頻繁」的原則下進行回饋。
6. 認同注意力不分地位、權力或職位。
7. 認同注意力可以運用在他人，也能運用在自己身上。
8. 隨時注意周遭的進展，而不是坐等完美結果自動發生。
9. 總是了解狀況，並且發揮注意力。
10. 一直考慮著未來及可能性，像是「我的注意力要如何幫助我們一起了解和學習？」

以及茶水間八卦中，（三角溝通是一種操縱策略，指的是某個人不直接跟另一個人溝通，而是利用第三者傳遞訊息，因此形成一種三角關係。）也不會讓請教、提供以及接收回饋的三方之間太常出現權力不對等的情況。我們會告別那些立意良善但傳統老舊的思考模式和做法，因為它們無法創造出安全可信的環境讓人成長。

我們必須拋掉很多包袱。丟掉這些觀念和做法可能會讓你有點不舒服，因為我們大部分人都是在那些價值之下長大的。但是，作為回饋運動的領導人，我們必須有勇氣成為第一個走出習慣的人，並且全心迎向更好的新做法。

連結：簡單的對話指南

我知道要把這些觀念全部彙整在一起很困難，必須很努力才能持續實踐 FAN，又兼顧公平、聚焦和頻繁。另外，要經常檢視自己有沒有產生偏見、應該説什麼、什麼時候説，或是要開啟一場能夠直接傳達想法意見的談話，也都一樣不容易做到。天哪，這樣誰不會想放棄，乾脆完全不要回饋不就好了？我有幾位客戶是資深經理人，他們在準備提供對方建議或想法時，就表示很難做到這些事。其實正是這些困難啟發我發展出 CONNECT 這項簡單的對話指南，它能在準備各種不同的回饋內容時提供協助。雖然它本來是設計給提供回饋的人使用，但是我們發現，這套模式對任何回饋對談都很有幫助。我的客戶之中，不管是請教還是接收回饋的人都告訴我，若是提供建議或想法的人缺乏談話技巧，這套連結模式就能發揮作用幫助雙方順利繼續對話，並且壓制「戰鬥、逃跑、無法動彈或討好」的衝動。

Laura

（蘿拉）

CONTEXT

脈絡

釐清現況。

- 事先詢問。
- 表明你的本意。
- 清楚說明談話主題。
- 明確的描述狀況或情形。

ONE THING

專心

聚焦在最重要的事。

- 聚焦在某個小部分的回饋上（例如只說一件事）。
- 強調最重要的那件事。
- 避免誇大。
- 不要夾帶罵人的話。

NOTICE

注意

描述觀察到的事實。

- 描述觀察到或參與的特定行為或狀況時，要提出清楚的細節。
- 不夾帶其他動機或評價，不指責或羞辱。

NO G.R.I.T.

避免 G.R.I.T

避開八卦、流言、含沙射影或三角溝通。

- 只說你知道的事。不評斷、不臆測。
- 相信每個人的本意都是良善的。

EFFECT

影響

指出影響。

- 描述某件事對接收回饋者及其他人（你、同儕、公司、顧客）的效果或影響。
- 表達你的想法和情緒。
- 描述未來行為或狀況時，不夾帶要求或貶損。

CONVERSATION

對話

一起談論、測試、探索、學習、規劃。

- 面對面談話、一起坐下，或是至少透過影像交談。
- 從老師的角色轉換成學生的角色。
- 聆聽並努力了解彼此的觀點。
- 提出能夠展開對話的問題。
- 不要急著採取行動。

TRUST

信賴

加深連結並擴大關係。

- 規劃下次對談以保持連結。
- 共同安排下一步並且許下承諾。
- 知道每次正向連結都是在強化關係。
- 有信賴感的回饋會隨著時間和練習變得更加容易而且自然。

連結範例 1：艾波對曼紐的正向回饋

脈絡	
艾波：「曼紐，我想跟你談一下我聽到客戶誇讚你這一週的工作。現在可以聊聊嗎？」	✓ 曼紐知道艾波要提出正向回饋。 ✓ 艾波事先詢問時機是否恰當。

專心	
艾波：「我要說的事跟你為那份新的訓練教材所畫的插畫有關。」	✓ 清楚指出焦點是新訓練教材的插畫。

注意	
艾波：「你畫的最後六頁插畫，在最近一次顧客滿意度調查中被評為『顧客最愛』，他們尤其喜歡你把文字變成插畫的做法」。	✓ 指出行為或技巧（也就是文字轉成插畫）。 ✓ 艾波照實描述顧客欣賞的重點。 ✓ 傳達出顧客給予高評價的具體細節。

避免 G.R.I.T.	
艾波：「你找到獨特的方法能滿足顧客所有條件，又能加上你的個人特色。」	✓ 艾波不拿別人的作品做比較，並且直接肯定曼紐的作品很棒。

影響	
艾波：「你的做法得到最高評等，對我們公司網站來說是很棒的顧客證言。像這樣的絕佳表現會讓我們接到更多案子，而且是你會喜歡的那種案子。看到你得到這種肯定，我感到很光榮，希望你也很高興。」	✓ 艾波說出曼紐的工作對現在及未來的正面影響。 ✓ 艾波提到曼紐的好表現可能會帶來更多他喜歡的工作機會，清楚表明曼紐未來的利益。 ✓ 艾波表達她對曼紐得到正向回饋的感受，這能夠加強兩人之間的連結。

對話	
艾波：「做得好！你對這個消息有什麼感受？」 **曼紐**：「艾波，謝謝你！我覺得在這個團隊非常棒，是我們一起把這件事做好。如果你有其他要求，請告訴我。我會很有興趣知道其他的圖是不是也很成功，還是應該改進。我想做更多這類案子，如果有其他客戶的案子進來，請讓我知道有沒有我能參與的部分。」	✓ 艾波給曼紐機會說出他對這次回饋的反應。 ✓ 曼紐讓艾波知道他抱持著成長心態，並且主要是聚焦在未來的思考方式。

信賴
當曼紐清楚讓艾波知道，這次的回饋激勵他專注在獲取更多喜歡且擅長的工作機會，這時便提高了雙方的信賴和連結。

連結範例 2：麥克斯對夏琳提出改善意見

脈絡	
麥克斯：「夏琳，我想找你談談星期四的裝箱配送計畫。我知道進度落後了，有些可能已經超過期限。明天下午四點可以跟我見面，好讓我了解更多細節嗎？」	✓ 麥克斯事先詢問與夏琳的談話時間。 ✓ 清楚說明談話主題（裝箱配送計畫）以及問題（超過期限）。

專心	
麥克斯：「我知道進度落後了，有些可能已經超過期限。」	✓ 要討論的事是超過期限。 ✓ 麥克斯說得很清楚，所以夏琳不需要緊張的猜想他要講什麼。

注意	
麥克斯：「追蹤報告顯示，裝箱配送計畫在星期四停止了四小時，而且是我們這一組停擺。我的理解正確嗎？」 **麥克斯**：「我記得我們曾經同意過，如果會超過期限，要事先通知對方。」	✓ 麥克斯提出並釐清目前理解到的事實以避免誤會。 ✓ 評斷式的說法可能會是：「你真的做錯了，我們不是說好的嗎？」

影響	
麥克斯：「如果我不知道沒趕上期限，就沒辦法採取行動。結果，我們打破準時的標準還要因為延遲而被罰款。我覺得很挫折，我相信你也是，我知道你的目標是成為整個工廠裡最準時的人。讓我們一起想想要如何達到這個目標。」	✓ 麥克斯指出這件事的影響，也就是破壞準時標準，以及要負擔罰款費用。 ✓ 麥克斯沒有繼續針對問題抨擊，反而立刻轉向勾勒未來理想的狀況（成為工廠裡最準時的人）。

對話	
麥克斯：「你是否可以告訴我發生了什麼事，怎麼做才不會再發生相同的狀況？」 **夏琳**：「我知道我把時間掐太緊了，最後關頭出現混亂，導致無預警的延遲，讓我們的進度落後很多。我很抱歉，麥克斯。現在我知道應該早一點讓你知道有無法準時的風險。」	✓ 當夏琳覺得可以自在跟麥克斯說明事發經過，就能找到問題根源。 ✓ 讓夏琳協助規劃下一步，她會更有動機做出必要的改變，下次的結果才會更好。

信賴
麥克斯和夏琳一起計畫好，將來如果再發生趕不上期限的情況，就要早一點發出警示。雖然夏琳還是要為錯誤負責，但是她覺得談話過程很自在。而麥克斯提出這個棘手的問題，並非為了羞辱夏琳，所以下次夏琳會比較願意提出她的需要，雙方的信賴和連結更進一步。

Seekers

第六章

請求回饋

當我們在推廣新回饋運動、啟發更好的做法時，首先要招募的對象就是請求回饋的人。畢竟，要解決回饋的問題，這是最重要的角色。為什麼？因為這場運動是「從內而外」發起，由我們去請教別人，而不是滿足於已知的資訊，由我們主動學習，而非總是教訓別人。

研究顯示，從提供回饋轉換成請求回饋的企業組織，會增進績效表現、成長心態、決策變得更有效能，團隊變得更強大、更有抗壓性。[1]

成為請求者回饋的好處很多：

- 請求回饋最能令人產生信賴感。因為「請教」這個行為本身就包含謙虛的態度，顯示你重視別人的看法。
- 請求回饋的人會感受到更多的自主權及掌控感。
- 當你在尋求意見時，比較會根據得到的內容採取行動。
- 請教別人，代表你會專注在想要的訊息上以達成目標。

- 由請教的人選擇時間和地點，可以確保對話時保持正確的心態。
- 請教別人是推廣回饋運動最棒的方式。（如果你是領導人或主管，這就是你領先別人的機會！）

請求回饋的人必須與對方建立連結、培養信賴關係，來幫助自己學習或成長，這是身為請求回饋者的功課。如果你的目標是在某個新領域發展技能，就應該鎖定具有這項技能的人，請求他們給予意見。你可以問對方：「我該怎麼開始比較好？什麼樣的經驗有助於我培養能力？我到目前為止有沒有走偏？」

你可能會尋求更深入的意見，或是已經看到自己在某些工作關係上碰到困難，如果是這樣，你可以詢問別人對你的看法，是不是有什麼他們觀察到但你沒有察覺的行為，或是說出共事時的感受。不管是什麼情況，關鍵是你提出了問題，所以會專心討論，然後根據接收到的訊息來決定怎麼做。總之，請求回饋這個角色可是非常有力量的！

建立連結

現在你應該已經很清楚，連結對於有效回饋的重要性。作為請求回饋的人，你收到的回饋品質以及雙方關係的強度，其中的關鍵都在於連結。

許多研究指出，人們不喜歡提供回饋，甚至比接收回饋更不喜歡。你可能會認為給意見的人一定是主導者，但其實要求回饋反而可能會觸發對方內心的恐懼。這裡有三個小技巧撇步可以預防：

1. 請求回饋之前先建立關係，關鍵是要有一個平台可以讓你提出請求。
2. 說明脈絡。告訴對方為什麼你想請教他的意見，以及他們的想法觀點對你很重要的理由。
3. 使用技巧讓對方覺得已經準備可以好回答問題。也就是請教回饋時，焦點要放在對方觀察注意到的事。

一旦你與請教對象建立起關係，也讓對方知道你想要的是什麼，對方會比較安心自在的當個提供意見的人。要建立永續、彼此信賴的關係，主動請教可能是最有效的催化劑，開口就一定有收穫！

領導人帶頭執行

你是組織內的領導人嗎？也許你的頭銜是執行長、副總、董事，或是團隊領導人、專案經理；也許你手下有上千個部屬，或可能只有一、兩個人。不管你的頭銜是什麼、職權有多大，只要你擔任領導人，就必須知道接下來的這些事。

30 年來的研究顯示，最能推動企業變革的因素是領導力。領導人親身投入並認真執行，就能形成改變，否則通常會失敗。在這個觀點之下我們知道，要改變企業的文化與員工的習慣，領導人必須從自己做起。

所謂領導，並不是隨便寄一封電子郵件，或是在年度會議報告上多加一張投影片，讓大家知道你有多熱衷於回饋，而是指完全相信你推動的新習慣、新行為及新文化，並且以身作則。簡單的說就是，領導人必須做下承諾、言出必行，不能輕率看待，一旦挺身而出擔任領導人，就要堅持到底。我們都會犯錯，但是領導人成功的關鍵就是請求別人的回饋，這樣才能在沒有發現錯誤時有所警覺，一旦發生狀況也能夠坦白承認（藉此在團隊成員面前建立信譽），並盡快重回正軌。簡而言之，就是要針對你推動回饋的做法，去請教別人給你回饋。

這個新回饋運動要成功，必須特別著重在請求回饋的人，因此我們希望大家能夠主動請教別人，並且掌握主導權，建立一個樂於請教他人的環境，促使企業文化的改變能夠永續不墜。

要走到這一步，需要領導人帶頭做起。你必須總是擔任組織裡第一個詢問意見的人，公開告訴大家你在做的事，邀請別人分享觀點，也鼓勵他們一起成為請求回饋的人，這樣不只在推行新回饋運動時會更有衝勁，也能藉此強烈傳達你的領導風格。此外還有一個額外好處是，你會從取得的資訊中成長並且獲益。

由領導人帶頭請求回饋的理由如下：

- 你會與周遭的人建立新的信賴關係，並且加深雙方的連結。
- 當你請求協助時可以消減對方的恐懼感。
- 能讓團隊成員更相信沒有人是完美的，每個人都會有缺點、偶爾會犯錯，而且這些都不是大問題。
- 你會讓部屬敢於與你分享好消息及壞消息，並且形成習慣，同時還能讓他們更放心大展身手，這對你也會有所啟發。
- 你的領導力會增強。（記得在第二章提到詹格和佛克曼的研究，請求回饋排名前10%的領導人，整體領導力的排名也最高。）

建立你的回饋指南

當我們有安全感時，與他人的溝通會更順利，不論是請求或提供回饋的人都是如此。在安全的氣氛之下，請求回饋者會更透明和真誠，而提供回饋者則更能坦誠分享意見。花點時間想一想，對你來說哪些東西很重要，能讓你覺得更有安全感的事物又是什麼，請將你的想法寫在右頁這個簡潔的「回饋指南」表格中，然後分享給你請教的對象，讓對方知道你要問什麼，這樣他們會覺得比較安心。當你得到更多回饋資訊，可以再次修改這份回饋指南，並且分享給那些被你邀請參與回饋的人。

改變你的角色

如果你是會說「聽我的，不然拉倒」的這種人，總是很迅速丟出嚴苛的評斷及直白的意見；那麼想像一下，當你以謙虛而真誠的態度請同事針對你的表現說真心話時，他們會有多麼驚喜。你可能必須先做一些基本功課來贏得同事的信賴，並且表現出你是真心要脫胎換骨變成請求回饋的人。你可以承認過去的缺點，或是詳細描述目前在做的事，好讓對方對你刮目相看，但是不

我的回饋指南

最近我熱衷於：	
我正在進行：	
如果要給我回饋，請給我一個建議：	
如果收到這樣的回饋我會很難過：	
讓我覺得感激的事：	
最後要告訴你的事：	

要太過急躁，先從小地方做起，並且請他們在你又忘記耐心聆聽及分享時提醒你。你對他們的信賴會給對方安全感，讓他們也能信任你。

開始請教別人

請求回饋者必須大膽的走出去請教別人，才能主導這場運動的走向。此時請記得下列四個要點：

事先詢問。想要獲取意見，事先詢問是最有效率的方式，這樣做能幫助提供意見的人釐清你想要的資訊，也讓對方有時間思考答案。事先通知對方，還能夠避免到時候感覺尷尬，而且通常能提高回饋的品質。

允許直言。在請求回饋時，要讓對方坦誠說出意見。記得，人都是不喜歡提供意見的，但是如果得到允許，我們就能夠撇開恐懼，自在且自信的說出真相。允許對方直言，就是在心理上跟對方立下約定，當你說出想要尋求的意見及原因時，就是給對方坦率說話的自由。事先調整好語氣、確立想要得到的答案，那麼談話的時間就能充分運用在探究事實以及建立信賴上。

請對方注意你。如果你想要提升特定的能力，或是希望在特定情況下表現得更好，就請對方開始注意你。讓對方知道你想要什麼樣的意見，以及何時會來詢問他們觀察到什麼，請他們盡可能描述注意到的事情。

做出選擇。如果回饋的意見有做到「公平、聚焦、頻繁」，那麼你獲得的這項回饋就非常有價值，值得好好面對。你有權決定接下來要怎麼做，你的力量就展現在你怎麼選擇。

關於尋求回饋的最後一個忠告：我要強調，請在你「引爆」內心的地雷前主動尋求回饋。這不只能讓給予意見的人有時間準備，還能幫助你避開自己的地雷。主動請教並不容易，但是當我們把心態從「證明」轉換成「改進」，並且開始請每天都跟你密切接觸的人提供意見，就可以從根本上讓生命變得更好。

提問要聚焦

請求回饋者的第一要務，是把對話的焦點鎖定在最有用的資訊上。為什麼？原因有兩個：

- 研究顯示，如果我們提問的範圍太大，例如「我表現得怎麼樣？」會引發提供回饋者內心潛在的恐懼。要降低對方的焦慮，最好的方式是詢問特定而且聚焦的看法，例如「今天我向 IT 部門做簡報時，可不可以請你幫忙注意一下我與聽眾的眼神接觸有多少？另外我想避免一直走來走去，所以也請注意這一點。我覺得如果改善這兩點，報告內容會更能打動對方。」
- 問題有焦點，能讓回饋雙方都把心力用在有價值且與你有關的事物上。帶有目標的請求，可以讓你掌控並引導回饋的方向，給予意見的人知道要回覆一個明確的要求，而你會得到想要的答案。你不用過濾一大堆訊息，對方也不會浪費時間提出無用的建議。這是雙贏！

在聚焦的同時，你也可以考慮鼓起勇氣詢問信得過的同事，把他注意到的盲點告訴你。或許對方注意到你最近有點恍神，話都沒聽進去，或是某個專案期限快到

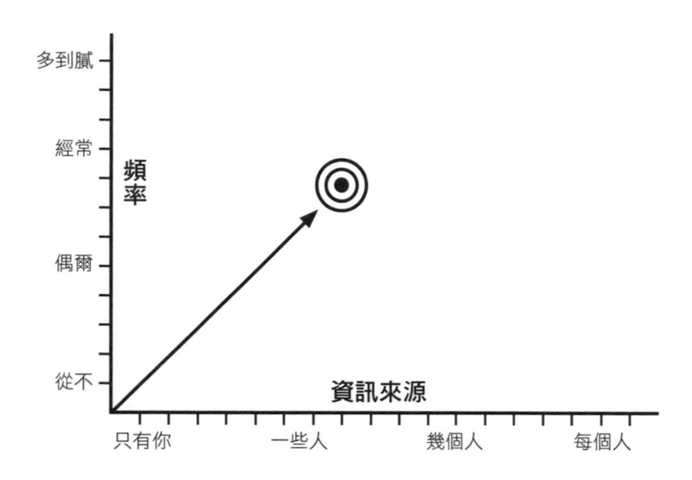

了，你卻還在忙別的事情。這樣一來，不僅是你重視的能力會得到回饋，還能聽到以前從沒發現的問題，這是雙重好處。

記得，請求聚焦的意見是推動回饋運動的關鍵。你會成為大家的模範，啟發他們也開始主動尋求回饋。

更多資訊來源＝更好的學習

徵得愈多的回饋資訊來源，得到的觀點及收穫就愈多，此外，來自不同領域的意見，會比只依賴一個同事的觀察更真實。如果你正在處理一個難題、試著提升表現、期望讓能力更上一層樓，或是努力成為更好的領導人，那麼，從不同角度收集觀點，所得到的回饋會更公平正確。

當然，我並不是要你到處嚷嚷：「告訴我該怎麼做！告訴我該怎麼做！」我指的是好好持續的請教不同人（最理想的狀況是事先詢問對方），提供意見的人應該包括過去曾經挑戰你的想法的人，或是一直以來嚴格要求你的表現的人。當你去徵詢舒適圈以外的人，你可能才會知道當他們的意見浮上檯面會比想像的更衝擊（或是有不同的衝擊）。當你為自己的發展廣納各種聲音後，可能會很驚訝甚至驚喜於得到的收穫。

我非常相信同儕的回饋。為什麼？

> **同儕了解你**。你的同事每天都在你身邊，是最了解你的人，他們看過你最好和最糟的一面，也清楚知道你為了進步而面臨到的各種挑戰。

同儕意見是回饋文化的燃料。鼓勵同事或工作夥伴之間的回饋文化，能提升團隊內彼此認同的程度、建立具有高度活力的工作環境，有助於激發向心力及產能。全球人才顧問公司（Globoforce）近期有一項研究發現，同事之間的認同對於公司財務表現所帶來的正面影響，比起只有主管的肯定帶來的影響多出36%。[2] 如果員工只從主管身上得到肯定或回饋，他們只會聽到一種聲音；但是當邀請更多人參與提供意見，而且讓每個人都覺得投入其中，就能聽到各種不同的想法。

多元能降低偏見。尋求更多聲音即是提倡包容，並且帶來廣博而多元的觀點。增加不同的看法，能夠減少因為個人無意識的偏見而造成的衝擊。

少，但是剛剛好

我的確希望你經常尋求聚焦的意見回饋，但不想要你太貪心。要確定你追尋的技能、主題或是行為真的足以形成改變，而且可以在一段時間內就有進步。還有，一次只要專注在一件事情上就好，一心多用只會稀釋成功而且更添挫折。這就好像找一個太求好心切的教練來教你打高爾夫球，他不停丟出各種意見讓你應接不暇：頭要放低、揮桿不要揮過頭、肩膀要跟屁股一起轉……夠了！拜託，一次說一件事就好！相信我，範圍夠小才

能讓你感到自在，周遭的人會更容易協助你，你也才不會氣得想把高爾夫球桿丟到池塘裡。

請對方針對你的優點給予意見

對於自己的優點不用感到害羞，我鼓勵你突顯出強項，把它磨練到爐火純青，成為你的超級能力。發揮自己的長處正是人生幸福快樂又有意義的祕密，既然優點這麼重要，我們就應該弄清楚自己的優點是什麼、要怎麼發揮優點去造福別人，而最好的方式就是開口詢問。

在努力找出自己的優點時，請記得「優點大師」馬克斯・巴金漢（Marcus Buckingham）提出的兩句至理名言：

- 優點並不是指你最會做的事，缺點也不是指不擅長的事。如果你對某件事很在行，但它會讓你精疲力盡，那就不是優點而是缺點。所謂優點，是指能夠讓你覺得自己很強的事物，同樣的，會感覺自己很弱的就是缺點了。
- 在你有優勢的領域裡，你會成長最多、學到最多、發展最多。因此，讓你有成長機會的就是你的優點，要把心力投資在那裡！

先確定你尋求意見的方法可以讓你發掘喜好，再藉此幫助自己愛上工作，這對你或你所屬的團體都是一份最好的禮物。

找到你的盲點

我們上駕訓課時，最初幾堂課就是要練習找出盲點，也就是我們從後照鏡看不見的道路兩側，這是最容易發生危險的地方。我們每個人也都有私人或工作相關的盲點，在成為請求回饋者的過程中，我們必須小心在這些盲點區域裡是否藏著沒看到的東西。

找出自己的盲點需要勇氣，但是結果會影響深遠。第 148 頁是一個很棒的實作練習，我們在 PeopleFirm 會用它來偵查盲點。請謹慎選擇幫你做這個練習的人，最好是信得過的朋友或前輩。

我見過許多非常迷人的講者，但是有一場演講特別讓我驚艷，演講者是《國家地理雜誌》（*National Geographic*）的攝影師。他用令人震懾的照片勾勒觀點，陳述在大自然裡看到的事物，以及在人生中學到的教訓。

其中有一個例子是，他用一張圖片來分享在夏威夷觀察海鷗飛離懸崖的經驗。很多海鷗在風中盤旋，他看出牠們是那麼優雅而不費力，也看出牠們乘風滑翔的暢快感。接著他注意到有些鳥是逆著風飛，用力的拍打翅膀對抗大自然，但仍然飛得很緩慢，他指出，我們的人生中也會有乘風翱翔和逆風拍翅的時刻。我想起過往人生裡也有過幾段時間或幾個專案工作感覺像在滑翔，而且還記得當時的快樂；另外也想到曾經經歷過的掙扎，就像那些逆風飛的鳥費盡力氣拍動翅膀，也只能保持不墜落而已。

我相信你也能回想起曾經優遊翱翔或奮力拍翅的經驗，如果我們能找到方法優遊翱翔而不是奮力拍翅，就會覺得比較輕鬆愉快不是嗎？

（譚拉）

實作活動：
擺脫盲點訓練

1. 運用「注意力的藝術」，向別人請教你的盲點在哪裡，每天找一個對象，為期一週。可以像這樣簡單一句話：「當我與顧客互動時，有沒有什麼是我沒發現但你覺得很明顯的地方？」
2. 同一個對象不要問兩次。
3. 聽取意見並做比較，看看有沒有任何「頓悟」，接著擬定成長及改善計畫。

剛開始寫這本書的時候，我跟母親的朋友談起回饋這個話題。她說她有一個孫子個性大膽而且直言不諱，孫子最近對她說，她是家族裡最會抱怨的人。（在此說明，她描述與孫子這段對話的氣氛是融洽的，而不是在吵架。）

孫子說：「奶奶，每個人都知道你只會一直講自己的身體狀況，就是因為這樣所以沒有人要常常來看你。」這位 80 歲的女士說她完全沒有意識到這件事，還一直以為跟孫子之間有隔閡是因為代溝。她感嘆：「想想看，如果 20 年前有人願意這樣告訴我就好了。我可能會試著改變，或許現在我和孫子之間的關係就會不一樣了。」

在此我要懇請尋求回饋的人，別等到一切都太遲了，想想看，僅僅只是請教別人針對你的盲點給予意見，將會帶來多少可能性？不知道要請教哪方面的意見嗎？看來現在就是開口詢問的好時機！

Laura

（蘿拉）

專注在進步

最近工作出包了？沒有做到自己的目標？沒有達成重要的績效指標？那就一定要把這些都列為你的請教內容，但是不要把過失當成焦點，要盡快把重點轉為請對方指導，以協助你下次成功。

如果你說：「我很難過沒做到這次的目標，想找人請教怎麼補救，避免下個月又重蹈覆轍。你可以幫我一起想辦法嗎？」會比只說：「慘了，我沒達標，死定了！」更有機會往你想要的方向進行。

聚焦在你需要做什麼（不一定是你想要做的事），以及何時要做到某個特定的進度，這樣一來，你會比較能夠接受並且記住對方提出的意見，然後以對自己有效的方式來運用它。

專注在未來

現在我很想提醒你，務必請教回饋真正的目的：是為了你的未來與心願。當你踏上尋求回饋的旅程，不要忘記終極的目標：打造更好的你。

在這個快速變化的複雜世界裡，當我們期待改變、學習認識自己，或是面對工作要求時，也必須保持彈性並且適度放過自己。無論你是抱著強烈的夢想，還是已經被大風蹂躪不堪，身為尋求回饋者，你才是掌握主導權的人。根據你學習到的東西，你可以選擇繼續待在軌道上，或是轉個彎。無論你的道路或事業狀態如何，都要把自己的發展規劃與目標擺在第一位，讓回饋作為你的燃料，朝著有目標的成長學習方向推進。

制定計畫

想要確認尋求回饋是否成功嗎？那就制定一項計畫！為了幫助你往前進，下列是幾項提醒：

- 心中想著完成後的樣子，接著往回推算一步。把眼光放在最後會得到的獎賞，也就是你的未來，請用它來指引你尋求意見。

- 列出一份可以協助你的名單，記得要找不同觀點的人，好讓得到的回饋更多元。請別人協助確認名單，幫忙找出可能遺漏的人選。
- 為重要的主題準備問題。想一想，如果只有一個問題可以得到回答，什麼樣的問題最有價值。
- 先跟對方建立關係。從小地方著手，每次進展一小步。
- 事先詢問對方，並且分享你的「回饋指南」。
- 要讓給你意見的人有時間發揮「注意力」。

最後，請記得不時停下來慶祝你的進展，並且把你的感激之意分享給那些讓你更好的人。對了，別忘了對他們說，你也願意為他們做同樣的事，因為回饋革命運動是透過一次又一次的連結建立起來的。

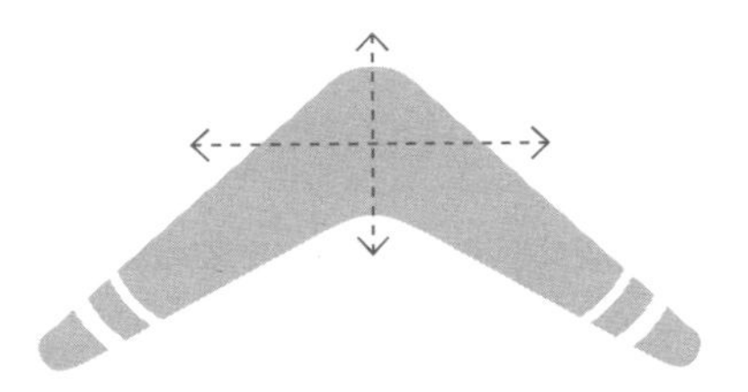

請在你「引爆」內心的
地雷前主動尋求回饋。

RECEIVERS

第七章

接收回饋

如果你是接收回饋的人，代表別人認為你需要回饋才會提供意見。無論對方給的回饋是要肯定或挑戰你、是你懇求來的還是不請自來，或是內容是否與你有關，你要做的就是接受，而且，最好忍住直覺反應，要認真思考後再回應。

當你發現自己是接收回饋者，就要把最好的一面拿出來，這樣可以避免破口大罵、閉嘴不談，或是乾脆落跑。如果你聽到的說法讓你心跳加速、雙手顫抖，那麼就知道該好好管束自己的恐懼了。注意呼吸、腳掌貼平地面，讓你的理智腦主導狀況。你不需要接受所有的意見，但是以開放的心胸聆聽是絕佳的第一步。

領導人要身先士卒

組織的領導人有責任示範如何堅定而優雅的接收回饋。為什麼？因為所有人的目光都在你身上。整件事由你來定調：展開回饋運動，並且以你為執行範例。為了協助你準備好成為接收回饋的人，請參考下列經過認證的做法：

由你達成你想看到的改變。要推行回饋運動，唯有領導人帶頭開始聽取別人的意見。你必須承諾自己會跟員工一起做到你所要求的事。

承認接收回饋會讓自己變得更強。如果你認為請教別人、收集意見會讓你看起來像是個沒用的主管，那你就錯了。詹格與佛克曼的研究認為，領導人諮詢以及分享正面意見的能力，幾乎在每一項領導力評估裡都是正向的指標。

打造安全的環境。人們有安全感才會說出事實。身為領導人，你擁有職權，因此更要向員工保證他們可以無後顧之憂的說出觀察到的事物。

優雅的接收回饋。你可能不見得喜歡每件聽到的事情，但你得帶著優雅以及感激來接收回饋。簡而言之就是聆聽、釐清、表達感謝，然後處理。

表現出無畏的眞我。每個人都知道你也是凡人，所以如果你表現得像個普通人，他們也不會驚訝。顯露出真我和脆弱都沒有關係，事實上大家也希望領導人展現出這些樣貌。你可以明確指出想要多跟大家分享哪些資訊，然後大方展現出來，我的經驗是，當你與別人分享你的不完美時，信任感會油然而生。

了解你對回饋的反應

我們對回饋的情緒反應，很大一部分跟自我形象（self-image）及核心信念有關，不同本質的回饋，對我們可能有效、也可能引起我們反彈。舉例來說，如果有個同事告訴你，你的創意幫助公司持續帶來價值，你臉上很可能會出現笑容，也會更加相信創造力是你的核心能力之一。但是，如果你覺得不屈不撓是自己的強項，而主管卻說你太快放棄某項銷售工作，那麼這個意見很可能會動搖你的想法。當某個回饋讓你真的很焦慮，那可能是因為它突然衝擊到你的自我存在核心。

作為接收回饋的人，仔細思考自我價值及信念將會很有幫助。當我們更了解自己重視的東西之後，遇到有人直接觸發我們的情緒反應時，就能理解自己為什麼會這樣回應，並且有助於我們調整做法。知識就是力量，

很多年前我在一家大型顧問公司擔任市場部門主管，與公司裡的人資主管合作一項專案。有一天早上我們一起喝咖啡，他告訴我，他注意到我大部分的工作是透過合作來推動。他繼續說，他認為我擅於與人合作的做事風格會限制我的事業。（我得承認，雖然已經過了這麼多年，現在說起這段故事還是會讓我血壓升高。）當時我氣得不得了，不過仍然勉強仔細思考他說的話，而且還跟幾位信賴的同事驗證他的觀點。最後，我選擇回答：「謝謝你，但是我不需要。我要繼續用我的方式來做。」花時間好好想過一遍，讓我確認了合作是我認為不能動搖的價值，而後來也證明，合作是我的事業中所有成就的關鍵。

Tamra

（譚拉）

當我們愈了解自己，就愈能對別人敞開心胸。

砍掉重練

在為這本書收集回饋故事時，讓我們大開眼界的是，接收回饋的人對於提供回饋者所給出的意見反應都很糟糕。在許多故事中，接收回饋者最後找到接受意見的方法，結果卻改變了他們的展望、工作甚至是人生。現在你已經加入這場回饋運動，你可能需要把那些已經疏遠的提供者找回來，一起加入回饋的戰場。做法如下：

道歉。修復關係不容易。有多難？如果你曾經大吼大叫或是亂砸東西，那就要加倍努力了。你可以向對方坦誠為什麼會做出那種反應，像是：「嘿，昨天你在檢討我的團隊績效時，很抱歉我對你發脾氣。因為我對我們的成果很自豪，結果被別人用數字來嚴格檢視，讓我覺得很挫折。後來我仔細想過，最近可以再找個時間進一步討論嗎？」

不要過度道歉。另一方面，道歉也不要太過頭，只要簡潔真誠就可以。沒有人想要一直不斷對你說「沒關係」，對方更希望的是重頭來過、繼續前進。

回頭檢視。是否曾經有人給你意見但你拒絕後又覺得它有價值而接納了？即使那可能已經是好幾年前的事，還是請你務必讓對方知道，那個意見最後如何影響了你的工作或生活。

細細品嘗讚賞

當你接收到美妙的正面意見時，是不是覺得自己在積極聆聽？還是會自動淡化你的貢獻所造成的影響，或是把所有功勞都歸給別人？允許自己好好慶祝一番，你會收穫更多。以下教你如何不再逃避好的回饋，並且利用這些新方法讓你繼續往前走：

說聲「謝謝」就好。壓住內心那個想要迴避或婉拒的聲音。

時機恰當就深入詢問或探究。觀察一下情勢，如果時機恰當，就針對特定重點向對方詢問或探究（在會議中快速致謝時詢問，可能就不太恰當）。你可以對同事或指導者說：「謝謝你注意到這件事。可不可以再請問一下，我的研究中哪個部分對你最有幫助？」

與人共享功勞。你有工作夥伴嗎？有人協助你嗎？你是成功專案團隊的一員嗎？找個辦法與人共享功勞，但是不要矮化自己。

不要迴避或尋求額外肯定。試著用最直接的感謝來接受肯定。「真的嗎？我覺得我好像完全搞砸那場演講了。」或是「喔，沒有那麼厲害啦。」這些話聽起來客氣謙虛，但是這種回應會讓對方的回饋顯得沒有價值，讓讚賞你的人覺得判斷力受到質疑。

反省與成長。想一想別人一直說你做得很好的部分。弄清楚為什麼會有這些讚賞，對你的計畫和未來會有什麼意義，然後找出讓自己的強項更精進的方法，打造出更有影響力、更強大的你。

開始請教別人

認真請教不是只有請求回饋者才要做的事，在接收回饋時請教別人，可以幫助你釐清，尤其當對方不太能夠說出特定細節或是有根據的觀點時。

我們來看看以下幾個常見的景象，以及一些可以幫你收穫更多的簡單用語。當你得不到有用的細節時：

釐清脈絡。「請問你是什麼時候或在哪裡注意到這些細節？」

詢問特定細節。「可以告訴我更多細節嗎？你注意到了什麼？」

詢問效果。「可以多說一些這件事對你或其他人造成什麼影響嗎？」

當你覺得對方一下子說太多時：

一件事就好。「你覺得我哪一件事應該多做或是少做？」

請求聚焦。「如果你想要專注在某個想法，最先想到的會是什麼？」

當對方講不到重點時：

打安全牌。「你好像想告訴我某件重要的事。我真的很有興趣那是什麼。」

以你的需求詢問對方。「我真正想要的是……你覺得我有朝那個目標前進嗎？」

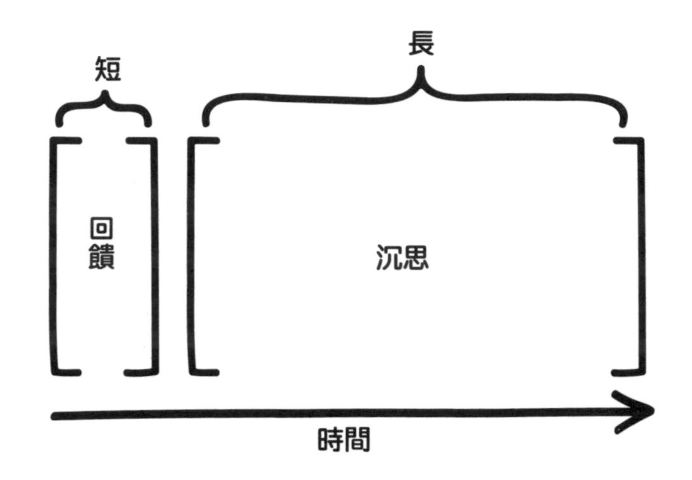

回饋要短，思考要長

一個小小的想法最後可能會造成很大的結果。你以後一定會遇到別人給你一點點回饋，而最後促成某件大事。記得我在第二章說過的故事嗎？在日立顧問工作期間，有位同事說很久沒看到我這麼投入工作。她不經意的與我分享她注意到的小事，卻讓我想了好幾個月。我琢磨著這句話，從各種角度來看它。我在想這句話的真實性，如果是真的，那原因是什麼？我找別人驗證這句話，仔細思考這句話隱含的意思，還把這句話連結到我其他的行為。雖然這句話很簡短，但是我想了很久，最後還改變我的人生，它是一道微風，開啟一段值得紀念的旅程，包括成立 PeopleFirm 這家公司以及寫這本書。

這就是我們對回饋的新定義所帶來的驚奇與美好。當我們聚精會神的請教、給予、接收回饋，原本只是一件小事，最後卻能改變一切。小小的回饋能夠關上舊門、打開新門，把我們帶到不熟悉但是令人興奮的冒險旅程。接收回饋時，你必須慢慢品嚐，讓它慢慢滲進你的意識裡，再萃取出每一分菁華。

我們都是凡人

記得前面討論過，我們每個人都會有一連串的認知偏誤，這些偏見不只會阻礙我們給予公平的回饋，也會影響我們聽到什麼，以及如何處理聽到的訊息。如果不先好好衡量自己的經驗、思考與信念會造成什麼樣的影響，負面偏誤可能會讓你的理智腦偏離軌道。

我們在接收回饋時，常會把對方想傳達的意思和我們感受到的衝擊混在一起，因而扭曲訊息的本意，尤其當對方並不習慣提供意見的時候。如果你認定主管糾正你報告上的錯字是要讓你在老闆面前丟臉，很可能就曲解她的用意了。

要避免這種常見的問題，最好的做法是預設對方是善意的提醒。不要理會腦中響起的警報，告訴自己這個人的意見並沒有藏著暗箭，只是出於好意，他是來幫助你而不是傷害你的。

要預設對方是好意可能很難，畢竟你得放開心胸接受新的思考方式；此外，如果你曾經跟對方處不好，更有很好的理由懷疑對方的動機。這時你可以透過直接詢問對方來減輕這種害怕受傷的感覺，像是：「你希望這次對話達到什麼樣的效果？」說不定還能發展成一段彼此坦誠的對話。

別忘了我們都是在邊做邊學，所以不要因為對方不擅於回饋意見就忽略他說的話，當你明顯表現出尋求意見的樣子，自然就會聽到各式各樣、不同的回饋。有些人還是會用傳統的方式來傳達想法，這是無可避免的，但重點是你要有耐性，因為並不是每個人都已經加入了新回饋運動，就連我們也不是都很熟練回饋的技巧。但是技巧拙劣並不表示內容沒有價值，所以如果你很想把這本書砸向給你意見的人，別激動，包容對方一下，然後用你學會的技巧讓彼此都受惠。

優雅處理讓人不快的意見

如果所有回饋都完全符合我們對這個字的新定義，那不是很好嗎？但顯然現實並非如此，不然我們發起的解決回饋問題的運動就沒有必要存在了。

不夠明確、模糊、沒有方向或根本是惡意的回饋，會讓你陷入困惑、羞恥或憤怒；相對的，嚴苛或實際的意見可能一開始會讓你的脈搏加快，但是一旦接納並且發現其中的價值後，你可能會像剛運動完一樣感覺又疲累又興奮。

不管是收到哪一種回饋，好好練習接收的技巧，你才會對訊息有明確的概念，知道如何處理你「沒興趣」的意見。不管你是打算置之不理，還是要勉強收下，下面有幾個要點協助你優雅處理那些不受歡迎的回饋：

不要急著反應。先簡單說句「謝謝」，然後給自己一些時間消化一下。你最初的反應，可能會跟聽到更多意見並且仔細思考過後的反應很不一樣。只要願意卸下心防，吸收回饋訊息，我們就會有所收獲。

從「證明」變成「改進」。如果你發現自己在堅持己見，甚至想要證明對方是錯的，那麼試著把心態從「證明」模式轉換到「改進」模式，這樣才能讓自己聽到有幫助的觀點。

詢問事實並請對方舉例。如果你接收到的回饋訊息不夠清楚（例如「照著凱蒂絲那樣做就對了」），那麼就要追問出真正的意思。你的問題要能讓對方回答得更明確，例如：「凱蒂絲做了什麼是你希望我下次注意的？」或是：「你希望我最注意哪一點？」

打破偏見和假設。有些時候你可能會覺得：這不是事實！根本對方並不了解你，只是基於對你的想像而給出回饋！如果你這樣懷疑，那就鼓起勇氣開誠布公的問對方，來驗證他們的假設：

- 「你願不願意跟我一起驗證那個假設？能不能談談你是怎麼想的？」
- 「我覺得你好像誤會我了。能不能告訴我發生什麼事或是你觀察到什麼事讓你有這個結論？」

如果有必要，請對方暫停。簡單說一句：「嘿，我在聽，但是在進一步深談之前，我想要先消化一下。」就可以了。如果你覺得要求對方釐清會令你心神不寧、或是沒有辦法卸下防備，那麼就再安排一次見面（請記得運用第三章提到的4-7-8呼吸法）。

找其他能夠釐清狀況的對象。還是不太安心嗎？那就回到請求回饋的模式。如果你覺得有一小塊訊息值得深入挖掘，但是你還沒有消化完全也沒有計畫，那麼就動用能夠給你回饋的人脈，請他們幫你發揮注意力。

尋求支持，但是不要三角溝通。研究顯示社會支持能夠減輕焦慮，但是不要因此就利用人脈發洩負面情緒或採用三角溝通的模式。若是你每次聽完別人給的意見後就發簡訊給朋友說：「緊急情況，出來喝一杯吧！」，那對你消化處理這次回饋並沒有太大幫助。事實上，如果你收到回饋之後真的覺得很不安，找朋友發洩（實際上是「喝酒發牢騷」）通常不會有什麼幫助，反而還會增添壓力。你應該做的是找前輩或是同事協助你思考；你可以先讓他們知道整件事情的經過，給他們時間準備好如何討論，而你則要以坦誠的態度提出問題，不要加進自己的主觀評斷。

拒絕回饋也沒關係。如果你收到的回饋沒有幫助，或甚至是會傷人（也許對方身心狀態不太對勁，或是他根本就沒把你的最佳利益放在心上），那麼最好的做法是說：「謝謝，但是不用了。」然後把心力用在你打從心底知道有價值的訊息上。

尋求進展不是要懲罰自己

我們每個人都曾經過度反應、放大或扭曲別人說的話，或是把怨氣悶在心裡，只要收到一點點意見就一蹶不振，而且大部分的人都會一再犯下這樣的錯誤。

這是很常見的人類反應，心理學家蘇珊・諾蘭─霍斯曼（Susan Nolen-Hoeksema）的研究顯示，我們的記憶和思考在大腦中是交纏在一起的，只要感受到壓力，不舒服的感覺就會跟著釋放出跟原本事件毫不相干的其他負面想法。[1]

當我們陷入這種困境時，最好的做法是多憐憫自己一點，振作起來，把注意力放在如何改進，而不是懲罰自己。當你發現自己處在這種狀況，可以藉著思考下列問題來避免怪罪自己：

- 我在害怕什麼？究竟有多糟？
- 哪一點我最不願意接受？
- 我察覺到其中哪一點是真的？

- 我認為哪些回饋是錯誤或偏見，因而拒絕接受？
- 它對我的未來發展方向有什麼影響？
- 現在我該往哪裡走？接下來的進展會怎麼樣？

還有，下列這些做法可能也會有幫助：

找一個信得過的朋友。請你的知己或是前輩一起思考這件事，外人的觀點會是你卸下負面思考的關鍵。

不要停滯在原地。不要讓這個回饋來決定你是誰、你能做什麼、不能做什麼，而是要由你來決定什麼樣的行動或結果能讓你更進步，再展開旅程。

進行後續行動。一旦決定好下一步，就開始著手進行，往後再詢問別人的看法。

堅持下去。進步的道路絕對不會是一條直線，所以要堅持走下去，一路上也別忘了為自己加油打氣，要知道，在挫折中學到的東西會跟從成功學習到的一樣多。

善待自己。當我們達成某項改變或是克服恐懼，就已經更上一層樓，這不是一蹴可幾的結果，給自己一些空間去慢慢完成，不要太糾結於最後的結果。

聚焦在未來

回饋能指引你通往未來，所以在思考有哪些方面尚待成長改進時，要把正向回饋和建議列入考慮：

- 這項訊息能不能讓我更靠近目標？
- 這項回饋是否讓我重新看待未來的自己？（或許是你已經具備了之前沒想過的超能力。）
- 這個意見會改變我的選項或計畫嗎？它是否打開了新的大門？
- 這項回饋是否更加釐清我必須做的事？
- 這項回饋是否告訴我哪些事應該做更多、或哪些事要少做？

制定計畫

對接收回饋的人來說，計畫的重點不在於收到什麼意見，而是怎麼讓自己有成長與發展。一旦你消化過接收到的訊息，就要選擇該怎麼應對、追蹤成長的進度。以下是幾項要點，你可以從這裡開始規劃：

擬定清單，做出選擇。接收回饋時，要記錄一下你聽到的內容。當你進入規劃階段時，要觀察你接收到的訊息會導向什麼樣的結果，拿你未來的目標來測試這些訊息內容，然後選出一件你決定要採取的行動。切記不要包山包海，只要專心做好一件事！

共同創造。有時候跟你信賴的人（可能是你的老闆，或是了解你的同事）聊一聊、一起制定計畫會有些幫助，三個臭皮匠勝過一個諸葛亮！

邊請教邊追蹤進度。設定成長和發展目標時，跟別人確認看看他們有沒有注意到你在做的事。隨時記錄別人提供的建議，以及慶祝你達成的進度。

EXTENDERS

第八章

提供回饋

你以為這個角色跟你無關嗎？錯了！當然啦，我們都希望回饋意見什麼的差事與自己無關，負責給意見的人通常都是主管或團隊領導人。但是，既然你和同事願意參與這項新回饋運動，成為樂於尋求回饋的人，那麼大家也應該要適應提供回饋的角色。如果你本身就是主管或領導人，有其他人跟你一起練習注意力的技術，不是很好嗎？

作為提供回饋的人，你的任務就是跟每一個人交流，無論他們是跟你一起工作、為你工作，或是在你之上。只要時機適當，一旦有人來請教時，你必須有辦法並且願意提供意見。你的回饋要真誠、清楚、聚焦，而且不帶有主觀評斷，這是很大的責任，但是只要具備成功提供回饋的知識和技巧，就可以有自信與勇氣肩負起這個角色。

建立關係

記得 5:1 比例嗎？這個比例告訴我們，正向連結能建立信賴關係，而充滿信賴的關係正是回饋過程中最夢寐以求的條件。提供和接收回饋的人關係穩固時，彼此之間的正向影響也會增強，回饋的品質、是否切題、聚焦程度等都會提升，讓對方更容易接受。

聽起來要建立起這樣的關係必須花很多功夫，但根據研究，產生正向連結其實真的沒有那麼難，畢竟人類都渴望擁有良好關係，它並不恐怖，反而還會讓你感覺很好。那麼，把建立關係變成一種習慣的關鍵是什麼呢？就是頻率。而且我猜你正需要這方面的技巧。

為了幫助你起步，以下是幾個讓你更快與其他人建立關係的方法：

發揮注意力，保持興趣。拿出好奇心，對周遭的人事物展現真誠的興趣。提出開放式的問題，肯定大家的工作成果。

放下職位權力。讓其他人先發言。如果你是主管，不要每次開會都坐在主管位，把大家打散，讓其他人坐在那個位子，尤其是長型會議桌的主位。不要習慣性的直接宣布議程，而是詢問其他人：「你今天最主要想談的是什麼？」之後的討論可能會是這場會議最棒的成果，你的員工會知道你真正重視他們的意見。

感激和欣賞。每次表達正面想法、欣賞或感激時，就是在強化關係、建立信任。但一定要是發自內心的，因為虛心假意別人一眼就能看出來。

找到共同觀點。當我們願意想辦法同意另一個人的觀點時，就表示對方很重要，而我們願意把他們的最佳利益放在心上。

有目標的合作。找個跟你不合的人一起接手一項艱難的工作，看看你們會不會出現無法信任對方的問題。當我們試著了解另一種觀點、跟另一個人合作或是挑戰對方，就是開始了解對方的長處、行事風格和地雷，這是建立信賴感非常重要的元素。

協助別人。生活中處處都有順手幫忙別人的機會，也許是把報告整理好、送同事回家，或是為忙得不可開交的助理買午餐。

同情。同情是最深層的人類連結，同情別人表示你試著了解對方的感受。跟對方說：「我知道你看期限快到了很不知所措。」這能讓對方知道你跟他們站在一起，而且這樣做不是因為績效，是為了他們的身心健康著想。

放輕鬆。找機會玩樂一下，跟大家一起喝咖啡說笑，可以大幅降低壓力，讓雙方關係變得更好、信賴感更強。

領導人以身作則

對很多領導人來說，請求與接收回饋是為了學習以及讓自己更強，但是說到提供回饋，那就比較像只是要微調一個行之有年的做法。

身為主管，我們必須放掉習慣的做法，全心接受新的模式，基礎就是三大根基：

- **公平**的態度，不帶臆測及懲罰。

- **聚焦**於有目標性的成長給予指導。
- **頻繁**輕鬆的交流，建立關係。

作為領導人，在我們的回饋運動中，你要建立規則並且說到做到。新的領導方法一定對於你的員工有益，同樣也對於你有益。經常分享想法能夠幫助你建立更理想的回饋機制，也會讓你成為更好的領導人。

我們的意見溝通不再是又臭又長，而是輕薄短小，這樣才能保持速度和敏捷，方便做到輕巧、非正式、經常的接觸。

領導人要當回饋強化器

我在世界各地舉辦工作坊時，來參與座談的經理人總是顯得疲憊不堪，尤其當我要求他們做到更多連結、更多回饋、更頻繁執行時，大家更是覺得沮喪，他們自問：「指導、訓練、審核就已經忙不過來，怎麼可能再做這些？」但我的重點不是要主管們獨力承攬，而是要他們帶領大家進行這個運動，因為由領導人展現出經常向不同資訊來源尋求回饋的好處，可以鼓勵員工一起投入。用這種方式，領導人會成為「回饋強化器」，懂得積極招兵買馬加入這場新回饋運動的領導人，將會因為啟發自己的團隊班底而有所成長。

先問三個問題

「一個巴掌拍不響」，這句俗話在這裡特別有道理，回饋對話的氣氛及品質與參與其中的每個人都有關，提供回饋者必須對自己給出的意見負責。為了確保你在開始給予意見時就已經準備好，請花一些時間想一想以下三個問題：

1. 你了解自己的行事風格、觀點以及個性對所提供的方法有什麼影響嗎？

➢ 對某個人來說像是開放而直接的建議，對另一個人卻可能是嚴厲又尖銳。當你的貢獻得到外界讚賞時，你可能會有點飄飄然，但是也許同事感覺很不爽。每個人都是獨特的，所以要小心，永遠不要假定對方想要你這樣提供意見。要誠實回答這個問題，需要你仔細反省自己的個性如何影響行事風格。我們每一個人都有需要調整做法或語氣的時候，才能更貼近我們想要肯定或協助的人。

2. 你了解自己的意圖嗎？

➢ 有時候我們急著提供意見，卻沒有先花時間檢查為什麼我們會覺得這麼需要提供回饋給對方。我們並非每次都是出於好意，也許是覺得某個專案做得不太好有點挫敗，想要發洩一下；也許是想要強調的事情沒有被大家聽進去。我們都曾經遭遇這種負面情緒，所以在提供回饋之前，一定要多給自己一點時間停下來想想下列問題：

- 我現在感受如何？是什麼促使我提供這個回饋？
- 這是真正的問題嗎？
- 我真的是這麼想，跟其他人無關嗎？

3. 你是以定型心態還是成長心態參與對話？

➢ 就像我們之前討論過的，我們會對自己或他人有一種定型心態，既然了解這一點，那麼在要與別人對談之前，先確認自己是不是真的認為對方有可能進步或成長？你提出建議的本意是否把目標放在成長？

該道歉就道歉

身為提供回饋者，如果你對曾經給予意見的經驗回憶得夠深，可能已經挖出不少不堪回首的失敗例子，讓我告訴你，其實大家都是這樣，我們是人，這很正常。

當你要跟接收回饋的人重新建立關係時，如果對方因為過去的經驗而拒絕你，那麼，表現謙虛一點會比較容易達到目的。

承認過錯並道歉是個好方法。收起你的傲慢，把這段不愉快的關係砍掉重練，請求對方讓你彌補過去。你一定會感覺很彆扭，但是真誠的道歉能夠重新建立起信

在企業中，韌性高的人會更受讚賞，事實上這樣的人也經常被放在領導人的位置。他們能夠應對困難局面而不會慌亂失措，這個特質通常對他們自己和部屬都很有幫助。而且，個性堅毅的人通常對自己能夠處變不驚、保持專注及分析局勢的能力頗為自豪，這種能力幾乎普遍被認為是個優點。

但是，在回饋這件事情上，這種能力卻可能變成缺點。所以，無論你是不是主管，我們要提醒個性堅毅的提供回饋者，有時候你的冷靜和不動聲色的外表，會讓你沒有察覺到自己的話語有多大的威力。想像一下，一個沉著冷靜的人，以就事論事的態度，把不中聽的意見傳達給一個比較敏感的人，會是什麼狀況？有時候這樣做也不錯，但是如果接收回饋的人被這個意見擊垮，或者剛好是在情緒狀態不佳時接收到這個意見，那麼提供

任和對等關係。向對方坦承你正在尋求改變，而且是真心誠意的想要進步，也相信真的會有所轉變。道歉的話語大概是這樣：「對不起，上次談話時我很強勢，我在學習好好提供回饋意見，如果你能讓我重新來過，我會非常感激。我們今天能不能再談一次那個計畫？」

你無法收回已經說過的話或做過的事，但是你可以

者這樣的態度可能會被視為嚴厲而冷酷，導致接收回饋者感覺到某種程度的衝擊。

會變成這樣完全不是提供回饋者故意的，但是彼此的信賴關係卻可能因此受到長期傷害。所以，如果你的個性堅毅，那麼最好多注意周遭的反應，進一步了解話語和態度會影響對方如何看待你給予的回饋。在你進行回饋談話之前，先詢問對方談話時機是否恰當，指出你想談論的主題，清楚說明你是抱持著善意而來，有了信任基礎後才開啟話題。

Laura

（蘿拉）

誠實虛心的提出來談，然後承諾會做得更好，我保證你會訝異於簡單而真誠的道歉能夠帶來多少善意的回應。

詢問別人的建議

除了請求與接收回饋者需要多問，當你扮演提供回饋者的角色時，一樣可以透過問對的問題讓回饋能夠順利進行。你可以考慮下列幾個要點：

事先詢問。不請自來的回饋本身就帶有高風險。你可能會讓接收回饋的人覺得莫名其妙，而且，無論你是有意或無意，這樣做都會讓你的位階高於對方。下列幾個方法能讓你在提出意見之前好好觀察：

- 態度要親切，先問對方是否允許你表達意見。
- 詢問現在是否合適，或是再找一個更好的時機。
- 詢問這裡適不適合談，如果不適合就另外再找地點，也許是比較私人或更舒服的空間，能讓你和對方放心自在的談話。

詢問對方想要如何接收回饋。先詢問對方想要在何時以及如何接收回饋，能夠讓回饋比較公正不偏頗。在接收回饋那一章，我提供了一份回饋指南讓身為接收回饋者的你參考（請見第六章），現在你是提供回饋者，則要請對方把那份指南與你分享。這可以幫助你了解對方最重視的意見是什麼，怎麼做最能觸動他們，以及如何讓他們發揮得最好。曾被鼓勵提供回饋的團隊常常發現這個方式很有用，因為他們知道對方的界線在哪裡，要用什麼方式來建立友好關係。採用這份指南，通常不超過 10 分

去年公司裡一位資深顧問芮恩給我一個回饋，與我們提供回饋的公平性有關。我自認在給予意見時非常「處在當下」，畢竟，即時回饋不是我們的目標嗎？

事情發生在芮恩正面對好幾百個公司客戶和潛在客戶，主持一場主題她很嫻熟的直播座談會時，我突然發簡訊給她。當時麥克風已經開啟，我在市區的另一邊聆聽座談會，芮恩的聲音聽起來像是在唸稿，有一點緊張，而且活潑過頭，所以我馬上發簡訊給她說：「輕鬆一點，語調放緩一點。你很棒。」

我在指導、鼓勵她，跟她站在一起，而且是當下立刻就給予回饋，這樣不對嗎？我喜歡這樣做，而且我相信她也會覺得有用。但是我錯了！芮恩後來告訴我，那則簡訊不請自來，而且還是在直播當時收到，那是她接收過最不公平的回饋了。她問我：「在那種時刻收到用簡訊發來的意見我能幹嘛？」然後又加了一句：「我開始懷疑自己說出來的每一個字，而座談會還要進行 30 分鐘。」

我提出建議是好意，但對方並沒有要求，而且事後

鐘就能弄清楚對方希望如何接收回饋，它能定調你們之間的關係、一起邁向成功，一定要試試看！

帶著問題前來，而不是預設答案。當你全心採用

看來我提出的時機也實在太不公平。芮恩讓我知道，那封簡訊完全不能幫助她在當下「馬上調整過來」，而且還讓她很緊張，一直在想她會不會讓看直播的人覺得坐立不安，是不是要把這段直播放到社群網站上，或是從公司的頻道上播放出來。除此之外，還有各種亂七八糟的念頭讓她無法專心在座談會上。

我非常感謝她後來坦誠告訴我這個回饋對她的影響有多大，我們也敲定以後她想要我提供意見的時間和方式，這讓我了解到，給予回饋的時機絕對不是「現場直播，五、四、三、cue ！」那天我從芮恩身上學到很多。我以為「當下」就是指任何時間地點，因為我偏好那樣的回饋，所以我誤以為她也會跟我一樣。經由這次難過的教訓我學到：同一種方式並不適用於每個人！尊重每個人對回饋的不同想法和感受，回饋才會更加公正。

Laura

（蘿拉）

「注意力的藝術」，就會有客觀公正的想法可以跟對方分享。無論你是應對方要求而給予意見，或是你主動提出回饋而對方願意接受，提出恰如其分的問題能夠讓對話內容更有意義。有力而聚焦的問題能推動接收回饋者卸下心防往前進，也同樣能幫助身為提供者的你檢查自己是否帶有任何臆測，以及學習如何才能對接收回饋者更有幫助。

肯定優點

現在你已經知道高特曼所說的建立連結 5:1 比例，以及「注意力的藝術」這些概念，我猜你也了解，有事實根據的觀察，加上真誠正向的連結，這樣的回饋意見會比挑戰或糾正對方的效果提高五倍。

稱讚對方的優點時，不僅要發自內心，敘述事實和細節也很重要。讚美要基於看得見的事實，並且不帶評斷或標籤，才會讓對方信任。聽到「你是最棒的！」沒有人會反感，但是老實說這句話是主觀的評斷，是一個標籤，而且意義並不明確，也沒有幫助到任何人了解為什麼或怎麼做才能繼續保持「最棒」。

肯定對方的優點時，請想一想這些要點：

描述好在哪裡。與其空泛的讚美，說得出事實的回饋會更有效果。你可以說：「你把威爾森帳戶管理得很好，我注意到一切都掌握在預算內而且準時達成，你的表現讓我們的網站上增加了三個新客戶證言。」

主管及團隊領導人要設定步調。幾乎所有做主管的人都以為，他們所做的正面回饋已經夠大聲、夠有影響力了，但是研究顯示，主管們在肯定部屬的優點時，其實很少像在自我評量時那麼熱情而有影響力。[1] 此外，就像我們在第二章說過的，主管可能也以為給部屬意見要求他們改善，對於部屬以及維持主管風格來說非常重要。但是別忘了，領導人真正的力量還是在於給予正向回饋：想要影響團隊績效，在共事者眼中提升自身領導品牌，最好的策略就是經常大聲肯定部屬的工作進展、成功及優異表現。簡而言之，就是無論部屬的貢獻大或小，全部都要予以肯定就對了。

建立絕佳的團隊習慣。建立團隊和工作夥伴的回饋機會，鼓勵大家多向別人請教並且給予意見，可以推動整個團隊往前邁進。除了要記得肯定整個團隊，並且公開適當的稱讚之外，也別忘了有些人還是偏好在非公開場合接收回饋。我非常喜歡建立團隊的肯定和回饋習慣，因為它能讓我們愈來愈熟練於提供回饋，並且把這種行為變成團隊的準則。

只給回饋，不要夾帶狗屎

狗屎三明治 SH*T SANDWICH

（俚語）某種非常不受歡迎的東西，所以用比較能入口的東西夾起來，讓它稍微能下嚥。

我們大部分人都曾經領教過這種回饋，我們叫它狗屎三明治。事實上這個概念實在太常見了，甚至連在維基百科都找得到它的定義！

人們傾向給別人「批判式的回饋」，但這會讓對方害怕被討厭、被忽視或是被排擠，令人很不舒服。所以當我們要給對方某些不中聽的意見時，總以為把它夾在柔軟好吃的讚美中間，就會讓對方比較聽得進去。

如果你正在做這種狗屎三明治，而且大家也都知道你經常這麼做，那麼接收回饋的人絕對聞得出來，你說的每一句話都會被懷疑。不僅如此，你還造成彼此間的不信任感，更可能在無意間毀掉以後交流的機會。

當我們收到真誠的讚美或是感激，和對方的關係就會更進一步，這種直接了當的誠意會讓雙方的信任感增加，恐懼感減少。而狗屎三明治的問題就在於，即使外面那層是真心誠意的好東西，卻都被中間的狗屎給污染了。

所以我們要如何避免做出這種三明治呢？

- 聚焦。如果你必須專注在某個棘手的話題，那就專心做。拿出公平公正的態度，接收回饋者反而

（今日特餐）

（狗屎三明治）

（居心叵測的讚美）

（難以下嚥的回饋）

（居心叵測的讚美）

可能會感謝你的坦誠，讓你的回饋更有效。

- 平時就經常毫不隱晦的讚許對方的優點，而且要針對優點讚美，別等到要遮掩難聽的話時才拿出來用。

交流愈多，學得愈多

我們愈常討論、解決問題、分享想法，或是與同事一起探討某個觀念，就能學到愈多東西。如果久久才與他人交流一次，我們就不可能知道彼此間的關係或是了解有什麼潛在的改變。

有一項針對中小學生所做的臨床研究發現，[2] 在學習的過程中就提供回饋比起之後才說，學生的學習效率更佳、表現更好。在學習過程中提供回饋似乎能給學生空間消化所學的知識，讓他們感受到學會知識前後的差別，並且分享想法。學生會覺得更能掌握整個過程，學習更有自主性；而且成人的學習也幾乎都能產生相同的效果。

有兩點要提醒大家：第一，不要讓你的例行做法變成像是待辦清單，這樣會讓你的部屬覺得「她又來了，同時間、同地點，把我們從她的清單上劃掉。」放輕鬆一點，隨性真誠的去做就好。第二，小心不要迷失在微觀管理（micromanagement）的世界裡，否則你的部屬會默默在心裡說：「又來了，他又在盯著我，指揮我該怎麼做。」要與對方建立真正的關係，應該要說：「還順利

我的客戶米卡是電視台的主管，正處於往上爬的階段。他在當上主管之前的工作績效頂尖，現在剛接下管理職，公司要透過一系列的執行長訓練課程栽培他。

米卡從一般員工升職當主管，非常急切想要學習，其中一個目標是發展自己的領導力和回饋風格。我們先從自我評估開始，找出他在職場上喜歡用什麼方式給予及接收意見。米卡想了一想之後說，他真的不喜歡被「公開」表揚，而且可能也不會這樣對待他的新部屬。我們更深入挖掘這一點後發現，原來米卡的前任老闆非常熱衷於讚美員工，不管是在辦公桌旁、每天的例會上，還是在走廊上。

「這有什麼不好呢？」我問。公開表揚代表這個職場很健康呀！歡呼、讚美團隊、凝聚向心力，這不是好

嗎？」「需要我支援什麼嗎？」避免用強烈的評價或直接指示來給予協助。

一點點就好

當你處在給予回饋的模式，別忘了回饋的訊息量只要一點點就好。想一想，接收回饋的人可以思考並聚焦

事嗎？米卡解釋，他經常受到誇讚，但前任老闆在稱讚之後總會再說些刻薄的話，例如：「你們其他人要跟這個傢伙多學學。」於是感覺就變成在攻擊那些沒有被表揚的同事。這種尷尬場面發生了好幾次之後，米卡就再也不想被老闆公開表揚。

沒有人想要被挑出來成為同事之間比較的對象，也不會想當主管眼中的乖寶寶，所以讚美絕對不要帶有雜質，好好的運用讚美，不要拿來打擊旁觀的人。

Laura

（蘿拉）

的是哪項建議、哪件事或哪個目標？

為什麼只要一點點訊息就好？在現代社會和職場中，總是有成千上萬的外界刺激不停轟炸我們，回饋要跟很多東西競爭搶奪注意力。大腦就像吸塵器一樣吸收訊息，吸進來的東西都在一個小桶子裡旋轉（也就是我們的短期記憶），經過處理之後，可能會被倒掉丟棄，也可能被送到長期記憶儲存。當然我們的大腦更細膩一些，但重點是它一次也只能處理某些分量而已。關於這方面的研究很多，大部分都認為人類大腦一次只能有效處理三到七則訊息。你可以用「三秒定律」測試一下，聽某個人說話，看看你能重複多少。你不太可能重複超過三秒鐘的內容，大部分人的大腦一次就只記得住這麼多。

遇到情緒緊張時，我們能夠處理的容量會縮得更小，因此若是給予意見時觸發了對方的焦慮與恐懼，那麼接收回饋的人能處理的訊息量就更受限了。哈佛企管學院教授艾美・埃德蒙森（Amy Edmondson）認為，在職場上，恐懼是腦容量的最大殺手之一，「在人際關

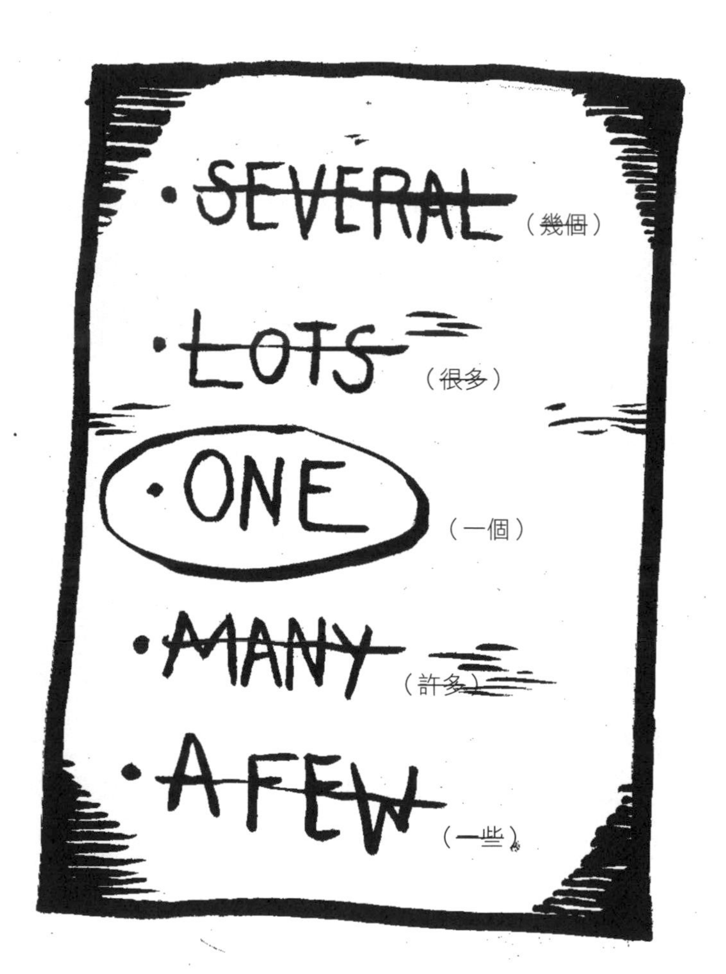
·SEVERAL
（幾個）
·LOTS
（很多）
·ONE
（一個）
·MANY
（許多）
·A FEW
（一些）

係中感到害怕時，工作者就會出現腦容量不足的問題……。」[3]

身為提供回饋者，我們有能力協助接收的那一方，幫助他們把回饋訊息吸收進去並且處理完畢。維持一小口分量的回饋，對於提供回饋的人也是減輕負擔。輕巧簡單、一口大小——這就是提供回饋的正字標記！

聚焦在未來

傳統的領導風格是「直接下令，解決問題」，我們公司把這稱為「吼叫與說教」（yell and tell），許多人覺得，要從這種風格轉換成以引導與連結為主軸的回饋風格很困難。為了轉換順利，有一個強大的策略：鼓勵請求及接收回饋的雙方打造一個能夠致勝的共同願景。

當你打造出一個雙方都想要的未來，並且真心願意出力一起達成這個目標，你就能建立起信任感，甚至可能培養出一段終生的人際關係。還有幾個要點是你可以參考的：

想像未來的樣子。對未來的共同願景，像是可以提升的專業技能或是行為模式，這些可能性與夢想能夠驅動員工的承諾、能量和熱情。

別把他們的未來，當作你設定好的計畫。身為給予回饋的人，如果你把未來的願景設想成「我希望你能夠提升專業能力達到第三級程式設計師」，那麼給別人的印象就是我們其實別有居心：我有個位置要填補，現在市場上找不到第三級程式設計師，而我看中你了。

堅持到底。做下承諾代表你會一起面對未來的高低起伏。成功是一段旅程，而且幾乎不可能沒有碰到挫折。

把對話和連結的基礎作為共同的願景，能夠傳達出強烈的訊息：你給予回饋就是要獲得成功。

著重改善而非懲罰

在這個步伐快速、崇拜英雄、充斥著社交媒體的時代，我們有時候會忘記，要獲得真正的專業技能以及經過證實的知識，必須花時間培養。我們都需要透過回饋意見來幫助彼此成長，沒有人能在一夜之間就變成最厲害的人，這是不變的真理。因此我們需要能夠計畫、支持、肯定一步步達到成功的方法：

拆解目標。身為給予回饋的人，你常常會發現自己像個教練。你要全心投入這個角色，協助周圍的人思考，若想達成他們的理想需要做些什麼事。你可以這樣問：「要達到那個目標，你需要採取什麼步驟？」一旦你們同意這些步驟之後，你要養成習慣注意他們是否照著規劃好的步驟進行。

肯定進展。當你看到接收回饋者有所進展時，要花些時間跟他們討論你注意到的進步，同時也別忘記也慶祝一下。肯定進展是非常有力的激勵，能夠把大家的心態定位在成長模式，讓人進步更多。

重新架構。如果你看到接收回饋者偏離軌道，很可能他們只是被某些做法絆住，不要因此就停滯不前或是要求他們導正。你該做的是調整事情的重點，將對方眼前的狀況與原本應該達成的目標做出對比（也就是「目前狀態」vs.「理想狀態」），找出改進的方法，不要讓對方覺得被評斷或受到懲罰。

說事實就好

描述性的、有充分數據的、中立的、直接的回饋，能讓我們得到足夠資訊並得到啟發。

> 有一項研究調查超過 19,000 名員工，發現增加績效最強的做法是「主管公正、精確的描述回饋竟見。不帶評價的觀察部屬，並且直接描述出主管們看到或經歷到的某個案例。」[4]

以下是你在擔任提供回饋者時需要注意的要點：

講事實。回饋要做到公平公正，就必須出於真實、可描述而且切合主題。在準備提供意見時，要確定你注意及收集到的是真實資訊，而不是猜測。如果你不太確定，請自問：

- 這是真的嗎？我怎麼知道的？
- 有沒有案例或是圖像可以輔助我表達這項事實？
- 我要講的是自己的觀察嗎？與對方有關嗎？

保持中立。語氣中立的意思並不是要你畏縮，或是表現像個沒有情緒的機器人。中立代表描述事實，不夾帶對接收回饋者的評價或是評斷。例如，路克向你請教前一天的小組會議上他跟其他成員溝通的表現如何，而你說他太吹毛求疵，使得會議的氣氛沉悶。沒錯，你的確注意到某些細節，但是你也對他下評斷和貼上標籤。一旦我們對別人貼標籤或下評斷，就會觸動恐懼的開關，切斷彼此的連結。你對路克下評斷、貼標籤時，展現出自己的權威，但他可能會從此陷入防衛模式，以後再也聽不進你的任何建議。

剔除雜訊。說事實就好，不要講八卦、含沙射影或三角溝通，這些行為都會破壞信任感與公信力。要確保你分享的意見是你觀察來的事實，而且充滿有幫助的細節，避免說出「聽說……」、「辦公室裡都在傳……」或「有人跟我說……」這種會讓人胡思亂想甚至引發怨恨的說法。而且，你裝無辜的把自己置身事外，這不是很不公平嗎？

舉例說明對方的行爲會產生的影響。提出回饋意見時，應該要包含接收回饋者的行為所造成的影響或衝擊，這是整體脈絡的一部分，能夠協助對方了解

如果你服務的公司仍然要你對別人評分、排名次，那麼我建議你不要強調出來，因為那只是另一種形式的評斷和標籤。我們是人，不是數字，要談的應該是對方的技能、表現能力、各種行為對別人的影響，此外，也要盡量消減標籤帶來的負面影響。

他們行為背後的意義，並且知道將來要專注在哪一方面。如果你注意到某些很棒的事，分享你的想法和感受時，別忘了加上對方行為所帶來的影響，例如，你的第一線員工提出的流程改善建議確實提高了客戶滿意度，那就不要只說：「流程改善的想法很棒」這種口頭上的稱讚，要再更進一步說出他們的貢獻帶給公司的正面效果。我們愈是協助員工把每天的工作連結到公司裡的其他人事物，對方承諾改變的意願就愈高。

回到路克的例子。如果你在會議上觀察到有人在路克講話時一直保持沉默，在提供建議給路克時只要說出這個現象就好，不要以此評價路克的表現。只要把觀察到路克的表現所造成的影響說出來，讓他去連結行為與影響之間的關聯並且尋找解方，他下次開會時會表現得更好。

還有一點也值得注意，那就是用比較個人層面的方式說出對方所造成的影響，更能誘導接收回饋者採行你的意見。例如，《紐約時報》暢銷書《給予：華頓商學院最啟發人心的一堂課》（*Give and Take: Why Helping Others Drives Our Success*）作者、組織心理學家亞當・格蘭特（Adam Grant）曾經引述一項研究，主題是評估放射科專家解讀患者 X 光片的準確度。這項研究發現，把患者的個人照片跟 X 光片一起看，診斷準確度會提高多達 43%。葛蘭特說：「你知道你不只是在尋找哪裡有裂傷，而是在救治一個活生生的人。」

克服偏見

由於人類大腦塞滿各種訊息，所以已經進化的大腦在做選擇時會抄捷徑。舉例來說，我們已經習慣在心裡把不同的人分類成適任或不適任、有價值或沒有價值、值得信賴或可疑，但不幸的是，這種傾向會導致我們斷然評價某個人或某個群體，而我們卻渾然不覺。作為新回饋運動中的提供回饋者，為了推動回饋意見的公正性，我們必須承認這些偏見會影響思考，需要努力克服。

但你要如何對付自己的偏見呢？

- 做做看「暗示關聯測試」（Implicit Association Test，IAT），這是華盛頓大學、哈佛大學與維吉尼亞大學共同開發的測驗，[5] 它測量的是你對於某些觀念之間相關性的強度，像是種族或性別，以及你如何評量刻板印象。這個測驗能帶來不少啟發。
- 小心選擇回饋的時機。如果你覺得疲倦、匆忙或有壓力，會更容易受偏見影響。
- 確認事實與臆測。應用「注意力的藝術」並且清楚描述你的做法、意圖以及造成的影響。問自己這真的是事實，還是只是對這個人的假想而已？
- 多接觸挑戰你刻板印象的想法、圖像或文字。

我們可以百分之百肯定，有歧視意味以及帶著偏見的回饋會打破彼此的信任，還會讓對方變得沮喪、疏離，形成不愉快的氛圍。光是這些結果就足以讓我懇求領導人、經理人以及提供回饋者，一定要積極剷除意見或建議中的假設和評斷，包容每個人的差異。

突破對方的心防

我猜大家都經歷過這樣的情況，當我們正在提出回饋意見時，對方顯然並不喜歡我們傳達的訊息。當你發現自己處在這個情況下，不要假裝沒看到對方的反應，而是要想想下列幾種做法：

先暫停。當某個人不贊同你的意見時，即使還沒有說完也要踩煞車，因為對方很可能已經滿腦子恐懼與焦慮，這時候不要說「先讓我說完」，這是沒用的。如果你是站著，就慢慢走到室內的另一頭；如果是坐著，就在筆記本上隨便寫些東西或是喝一口水，也可以運用 4-7-8 呼吸法，會有些幫助。這可能只是短暫的停頓，但是這幾秒鐘可以讓雙方都重新整理自己的思緒。

理解對方的情緒。如果你覺得自己提供的看法公正且精確，就不需要收回，也不用認同接收回饋者任何懷疑或輕蔑的回應，但是得承認對方表達出來的擔憂。此時你需要有同情心，可以說：「我了解你為什麼會有這種感受。」或是：「我知道這樣說會讓你擔憂。」

重新架構目標，提出能夠推動進展的問題。試著以一個問題把目標架構出來，從這個問題開啟對話。首先要放掉必須「做對」的思維，例如當接收回饋者說：「我也不喜歡你在那個計畫中表現的方式。」你可以試著把這句話變成問題提出來：「你能幫我把我的行為和現在正在談的事情連結起來嗎？」

請對方多說一點。某個人對你的回饋意見立刻有負面反應時，很可能對方需要更多資訊來了解你想要傳達的事情，而你可能也需要更多資訊來了解對方的想法，那麼就開口問吧。你可以試試看這樣說：「可以請你多說一些我們一起工作時你看到的問題嗎？」或是：「你說你在那個計畫裡沒有得到支持，可不可以解釋一下是什麼情況讓你覺得不被支持？」這種說法通常能夠開啟對話，讓雙方的談話更進一步，討論出針對回饋內容可以做些什麼、以及未來如何讓對方獲得成功。例如，你對接收方的反應可以這樣回答：「好的，現在我知道你經歷了什麼事，讓我們再往前進，為雙方找出最佳解方。」

砍掉重練。當接收回饋者對你舉白旗投降說：「好啦，你說什麼都行！」或是說：「好，我會照你說的做。」看來很明顯是在敷衍你時，就多給他們一些時間冷靜下來，想出更真誠的回應。告訴他們不需要立刻做決定，雙方約定幾天之後再來談。（如果這個問題已經急迫到無法等個幾天，那麼你可能一開始就太晚約談對方了！）

不要讓對方生悶氣。當你試著跟接收回饋者建立關係，而對方卻選擇沉默生悶氣，你可以問一個簡單的好問題來提示對方：「可以跟我說你在想什麼嗎？」這個問題能讓對方把話題帶向任何一個他們想要的方向（最好是正向的方向）。如果他們還是陷在那裡走不出來，我建議你回到第一項「先暫停」，讓他們有時間準備一個能使雙方更有收穫的對話，無論這需要幾分鐘或甚至是一天的時間。

制定計畫

給予回饋的角色要做得成功，重點是必須拋棄舊觀念和習慣並且培養新的做法，這就是本章強調的主題，你領會到了嗎？如果是，那就是一個改變了。而每個成功的改變都需要計畫，當你身為給予回饋的角色時，要考慮以下五個問題：

- 如何才能增加我的連結？
- 我將從哪裡開始？
- 我需要跟誰重新培養信賴關係嗎？
- 我對自己和其他人做出什麼承諾？
- 我需要全心接納什麼轉變（也就是拋棄舊習慣、培養新習慣）？如果我不太確定，有誰可以告訴我？

把這些問題的答案寫下來，經常思考並且更新你最新的想法，同時在你的學習成長過程中也要對自己好一點。最後，請把它當成你的使命，從周遭的人開始，告訴大家，如果能頻繁而公正、輕巧而放鬆的提供回饋，會產生多大的威力，最後將它展現出來，並慶祝我們進展到更好的未來。

REAL

第九章

真實案例

本章的靈感來自許多同事與朋友們的故事，以及這些經驗對他們的事業、人際關係以及生活造成的影響，而他們也提供對於這本書的意見：「要寫出真實的情境！你們寫的東西都非常有用，但是當事情變得棘手時，可不可以直接示範該怎麼做、怎麼說？我們很需要真實的例子來教我們怎麼運用這些方法。」

他們的要求我們聽到了，因此他們的故事成就了本章這些實際案例，請試試看這些做法，再按照你個人的情況調整成你專屬的回饋運動！

Laura

（蘿拉）

實例 1：打造專屬的回饋委員會

你在目前的職位上認真賣力，評價也很好，但是卻沒有人給你工作上的建議。公司沒有制式的升遷管道或發展計畫，不過你有個很棒的主管，而且你也學到很多。你希望能有進一步的發展，想要向別人請教應該把心力放在哪方面，以下是運用回饋新定義的絕佳範例。

請求關注

請教主管時要讓問題聚焦，不要問：「你覺得我做得怎麼樣？」這種空泛的問題，而是要有特定的細節，像是：「我的工作表現當中，有什麼是你注意到而我沒發現的？」這樣問能讓你的主管知道他可以說出比較嚴厲的意見，希望能盡量協助你找出盲點。

你的主管接收到請求後，直接而坦誠的回答：「我擔心你沒有看到自己對待別人的方式，我覺得你似乎太重視結果，而忘記肯定那些幫你完成任務的人。」哇，這聽起來好傷人，但是你深吸一口氣後告訴自己：「沒關係，我承受得住。」於是再問：「可不可以請你舉一個例子，好讓我學到更多？」

制定計畫

你和主管一起組織一個專屬你的「回饋委員會」，你在關係較密切的同事裡選了幾個覺得可以學習的人。

其中一位是凱羅，你很欣賞她的互動風格和職業道德；另一個是珍妮，你把她列入是因為你們從來不正眼看對方，而你想要踏出舒適圈。此外，你也很確定你被主管指出的那些行為會影響到她，這會是讓你和珍妮重修舊好的機會。對你來說，這是作為請求回饋者的超級一大步，因為網羅不同的人給你意見，其中有你欣賞的人也有批評你的人，能夠協助你面對處理這個問題，而且真正得到有用的觀點。同時你的心態也處於成長模式，因為你認為：「任何人身上都有我可以學的東西，即使對方是珍妮！」

建立回饋委員會

開始行動，去找指定的人請教意見：

- **你欣賞的同事**。你可以約凱羅吃午餐，讓她知道你想要提升能力，所以找她來當指導者分享意見，幫助你達成目標。你要讓她知道，雖然她不是你的主管，但是你注意到她超強的團隊建立能力。她感謝你給她這個回饋（得分！你現在也是給予回饋的人）。凱羅分享她跟團隊一起工作時，哪些做法有效，哪些會面臨挑戰。你們最後約定好，接下來幾個月她會給你一些指導，然後你計畫下一週再碰面討論進展。

- **批評者**。你詢問珍妮下週能不能一起散步聊聊。珍妮非常喜歡健身，在休息時間邊散步邊聊，會比坐下來談來得輕鬆。你對珍妮說你正在試著改善與團隊的工作關係，並且對你最近在這方面上不適當的行為道歉，你告訴她：「我們在團隊會議上的互動，我很好奇你的感受如何，尤其是我所做的事（或是沒做的事）對你好像不太公平。」珍妮說她會想一想，而且願意再跟你見面。

執行計畫

你做得很好。你已經從凱羅那裡得到意見，現在正在測試，另外也安排好和珍妮再碰面談談，而且你會對她說的意見抱持開放態度。另一方面，你已經回報主管讓他知道最新進展，並提醒他再繼續注意並提供意見給你。漸漸的你跟團隊工作變得更自然，你也花時間想想哪些方法有效、為什麼有效。幾個月之後，珍妮邀請你一起散步，請你當她的指導員教她怎麼「請求回饋」，這時表示你真的成功了！

實例 2：不再退縮、釐清堅持

時間來到每週一次的審稿會議，同事要一起決定你的部落格內容。你非常自豪於自己的創造力，所以這個小組會議的意見每次都讓你覺得很挫折，很難優雅從容的收下意見。

本週開會過後，你的編輯提到，她注意到你在大家提出想法或是編輯的過程中太快妥協，讓她擔心你的想法會被埋沒，導致你在重寫部落格內容時沒有反映出自己的觀點。

你對編輯的這番話耿耿於懷，但回想過去的經驗發現確實是這樣，每當資深編輯挑戰你的重要想法時，你就不說話。最近一次你讓對方把你覺得很重要的一大節文字刪掉，就只是因為那次的討論很不愉快。經過仔細考慮，並且問過幾位信賴的同伴之後，你準備在下週會議時試用不同的方法。你希望下次開會時能夠少一點掙扎，所以你許下承諾，不帶防衛心態去聆聽意見並勇於提出挑戰。

預想未來

這是你的工作，你知道自己想要成為什麼樣的寫作者，也知道文章內容的本質對於你的現在和未來都很重要。你已經花時間釐清你堅持的觀點是什麼，也知道哪些部分可以退讓。釐清這些要點，能夠讓你有力氣去準備每週的審稿會議。

制定計畫

了解自己常常因為承受不了編輯直截了當的作風而退縮是件好事，因此當你無法控制對方時，可以控制自己對這種溝通方式的反應。此外，你還了解到，妥協和沉默都不是理想的做法，因為它讓你陷入定型心態。有了這些認知，你可以為下次會議制定計畫，想一想有哪些技巧可以幫助你冷靜聆聽。也許你可以準備一張紙，其中一面寫下被大家挑戰但是你想保留的想法，另一面則寫下你願意退讓的想法。你也計畫好幫助自己冷靜下來的急救包：大大的深吸一口氣，再慢慢吐氣，然後對自己說：「我可以聆聽並且做出選擇」。

當下的管理

當你發現自己想要抵抗大家的審查時，先放下防衛的念頭，轉念想想之前釐清過哪些內容是你覺得重要而必須為它發聲的。當討論進行得太快讓你不知所措時，你可以說：「讓我們回頭談一下剛剛那個論點。」冷靜且不帶評斷的說出自己的想法，然後提出問題釐清現況：「我了解為什麼你想刪掉氣候變遷那一段，但是我的看法不一樣。我認為這個段落是這期文章最重要的關鍵，改動它會轉變整篇文章的調性。你真的很想把它拿掉嗎？」這樣問不僅是徵求不同意見，同時也表達出你想要討論而不只是防衛。這樣可以讓討論繼續進行，也讓你找到解決方案，既能保有自己的價值觀同時也結合大家提供的意見，讓這篇文章變得更加完美。

實例3：最困難卻最棒的經驗

你在非營利組織裡擔任中階幹部，正在爭取晉升為新事業部門主管。你已經是好幾項行政工作的負責人，包括財務、人力資源以及教育訓練；你很享受穩定發展的職涯，並且相信自己是這個職位最佳人選。你還一直和執行長與財務長密切合作，同時也很了解另一位候選人納魯，他的職涯跟你非常相似，不過他在這個組織的工作年資只有你的一半，如果你獲得這個職位，納魯將會是你的部屬。他是一個很棒的工作者，也受到他的組員愛戴，但是他很有名的特質就是說話非常直率。

結果，你並沒有得到晉升。你強烈認為那個位子應該給你，因此你很生氣甚至覺得被羞辱。你在回家的路上打電話給納魯「恭喜」他時，大腦受到原始思維主導，所以你說出：「嗨，納魯，恭喜。我……我不知道為什麼會這樣，因為我覺得被晉升的應該是我。不過沒關係，總之，恭喜你。」納魯則是以一貫的率直態度回應你，這是你這輩子收到最強烈而痛苦的回饋：「其實你不應該得到這個職位，知道為什麼嗎？因為你太自負了。你的確有很多優點，例如你總是能夠達標，又很了解這個組織，能描繪出很棒的願景並且規劃出強力的策略。但是你跟組員卻處得不好，他們並不喜歡跟你一起工作。我很榮幸得到這個職位，而且我很重視一起工作的人，這就是為什麼得到晉升的人是我而不是你。」

不要急著回應

你的直覺反應是完全氣炸了，不過你知道自己處在劣勢，所以決定在週末時好好想一想這件事。星期六早上你去散步了很久，思考的結果是決定要振作起來，而第一步就是把感受寫出來，於是鼓起勇氣以文字坦承自己的情緒：「我覺得受到矇蔽。我覺得受傷。我不太確定自己的立足點，這讓我感到害怕。」你同時也反省自己的特質，包括納魯提到的大部分優點，以及他直白指出的缺點，這些都是你的一部分。這種自我確認降低了你面對威脅而產生的生理反應，並且幫助你更能面對這個強烈的批評。你也提醒自己，工作上的你只是其中一個樣子，你同時也是個講義氣的朋友、有愛的善良市民、體貼的老公、可愛的老爸。你的完整樣貌可以讓你以適當的角度來看待納魯說的話，星期天早上醒來時你已經釋懷，並且在當晚打電話給納魯，向他道歉及誠摯的道賀，然後問他下週有沒有時間聊一聊。

尋求更多建議

你感謝納魯肯定你的許多優點並且直白說出你的弱點，雖然那是很令人痛苦的回饋。現在你準備請求意見，所以你補充說：「我希望你能針對我的自大、冷淡、跟部屬關係不密切這些問題提供我更多建議。我自認在這個組織裡是其他人的領導人，所以你說的沒錯，我需要進步。你覺得有哪些事是我可以開始努力改善的？」

從證明到改善

雖然納魯的傳達方式不夠好，但他的意見是對的。還好你新發現的接收回饋技巧可以派上用場，讓你不僅能夠接受他的直白回饋，還能轉換思考，從證明自己是更該被晉升的人選，轉念為改善你的領導技巧。你選擇專心向前看，並且花了一整年下苦工努力改善自己的做事風格，包括與納魯一起工作，以及也向部屬及其他同事尋求回饋。未來幾年，你可能會在別的組織裡嶄露頭角，晉升到同等的領導位置，屆時你仍會感激納魯深切又忠實的回饋，甚至還會經常講述這段曾被直接點出優缺點的故事，還有聆聽以及做出能夠成長的選擇，是如何改變了你的事業發展。

實例 4：別被情緒和偏見掌控

你是老闆，手下最棒的專案經理美玲正帶領團隊監造某客戶的廠房，地點在國外，總造價 200 萬美元。這個專案有個重要的里程碑沒有達成，你接到憤怒的客戶打來的電話。

美玲以前就有過進度落後的紀錄，但是整體來說她的表現很棒。你知道應該「及時」給予回饋，但是並沒有這樣做，因為她在另一個國家工作，有時差問題。你之前已經選擇不要提起她曾經沒有趕上進度，因為她現在負責的是公司裡最重要的專案，並且也備受團隊愛戴，還比其他人都更努力工作，更是這家公司裡少數獲得「六標準差大黑帶」（Six Sigma Master Black Belt）專案改善方法證書的女性。但是，你剛剛收到客戶的怒罵，讓你的焦慮反應升到最高點，所以你拿起電話把怒氣倒向美玲：「客戶今天狂飆我一頓，你不把期限當一回事，害我們下次沒有得標的機會。這幾個月你落後進度已經有五次了吧，到底是怎麼回事？」

檢查你有沒有偏見

由於美玲之前沒有聽你提過進度的事，所以你其實已經開了先例讓部屬以為你覺得那不要緊。此外，你可能受到「光環效應」這種偏見影響；它指的是我們會基於對方的某項特質，形成對他的大致正面的印象（在這個例子裡是美玲擁有大黑帶證書）。

增加回饋頻率

練習「注意力的藝術」，並且要更頻繁的跟美玲檢視工作，這樣會讓她知道你把她的工作放在第一位，而且會支持她度過工作上的各種難關。

確認你的意圖

捫心自問這個回饋究竟是針對誰。你會開始追究是因為客戶對你發火，而且是在自己毫無頭緒的狀況下被抓包讓你覺得很丟臉。但是，在你提供回饋之前，應該先仔細想想究竟應該傳達什麼樣的訊息，如果是要幫助美玲學習與成長，那麼就要確定對方聽到這個重點。但如果你只是要發洩怒氣，那就閉嘴。

不要羞辱或責怪對方

「你不把期限當一回事」是帶有評斷的說法。比較好的做法是探究事實（「為什麼沒有趕上期限？」），並且在描述對方造成的影響時要公平（「這可能會讓我們明年拿不到這個客戶的案子」），然後試圖盡量讓自己保持冷靜，把對話引導到找出方法來避免以後再發生問題。你可以說：「我們都想要準時且在預算內把這個案子做好，能不能請你說明上週的事件經過，讓我跟你一起想辦法避免再發生這些問題？」

協助對方想像未來狀況

要對美玲有信心，與其要求她改變做法或流程，不如協助她想像，若能在預算與期限內完成專案，這種成功紀錄對她以後的事業會有幫助。你可以這樣提問：「如果你以後想要有準時完成任務的信譽，需要做些什麼事情來強化這個印象？」這個方式應該能激發出對方的深層動機，讓對方盡快且持續改變的機會大增。

實例 5：一起解決狀況

瑪麗經常在週一晨會時遲到，大家也都知道，她在工作之外的時間非常喜歡喝酒，所以你懷疑那可能就是她週一遲到的原因。現在，瑪麗已經連續三次週一晨會遲到了，她沒有參加會議開頭的 15 分鐘，這件事讓你感覺她不尊重你和團隊其他人，她好像是故意不來參加這些例行會議。你告訴她要跟她談談喝酒的問題，以及不可以九點才溜進會議室。

你跟瑪麗關起門來談話，當她坐在你的辦公桌前，你發現同事都在注意你們。你先譴責她遲到，再提到懷疑她在酗酒，瑪麗這時哭了起來。她解釋最近她必須在週一早晨帶著繼子到市區的另一端去做治療，然後再送他去上學，所以她沒辦法準時進辦公室參加晨會，由於這是私事，她才不好意思對你說。

先建立關係

這是一個好機會，能讓你表示同情並且與對方建立較密切的關係。瑪麗每天都跟你一起工作，但是你卻到現在才知道她有個繼子，顯然是該好好了解她的時候了，所以你安排與她一起吃午餐，兩人一起訂出計畫，讓她能夠同時兼顧私事和工作。

一起尋求解方

你和瑪麗達成共識，重點在於她能夠參加晨會，而不是晨會必須在週一早上九點舉行。於是你同意召集團隊，看看大家能不能在瑪麗繼子必須去治療的那天把晨會時間改到中午或下午三點，或是在瑪麗或其他人無法準時出席時改成開視訊會議。

適度展現職權並且只談事實

在其他人的注視下把瑪麗叫到你的辦公室，感覺很像是在展現權力或是施以懲罰。下次你要先問對方能不能談一談，再提議把地點改到比較私人的場所，而且要和對方並肩坐在一起。談話時要注意事實並且給予同情，之後若是發現有你不知道的隱情才不會尷尬，而瑪麗也能有機會解釋她的處境。比較適當的開場會是：「瑪麗，我注意到你最近幾次週一晨會都遲到了。這會影響團隊，因為我們要等你來才能開始，而且我們沒辦法知道你的團隊近況。我想要協助這件事，能不能請你告訴我發生了什麼事？」

案例 6：打破戲劇化的三角溝通

你正在準備打烊，索爾從廚房探頭出來說再見，另外又補充說：「對了，我覺得麥克並不喜歡你上週排的班表。你排給山姆兩個小費很多的外場服務，而麥克只被排到帶位工作。」索爾告訴你，麥克甚至還說你是他碰過最糟糕的經理。

停止三角溝通

首先你問索爾，當麥克提起這件事時，他有沒有要麥克直接來找你談。你可以說：「我好奇，你有沒有要麥克直接跟我說？」如果索爾沒有，那麼你要讓他知道如果下次又聽到這種意見，你希望他能鼓勵對方直接來找你。對於你看重的行為，你要直接表達出來，像是：「我真的喜歡跟大家當面溝通，在我不在場時談論排班對事情沒有幫助，因為我不知道就無法改變。」

如果索爾說麥克不敢直接跟你說，那麼你可以請索爾當你的「第三方教練」，他可以跟你和麥克見面談。不管是哪一種情形，你都要讓索爾知道你很感謝他告知你這件事，並且向他保證不會讓他變成抓耙仔，你會直接找麥克談，好讓大家的工作能更順利。

不帶評斷找當事人談

接著告訴麥克你想找個時間談談排班的事，見面之後先表示你聽說他心情很差，請他多說一點你的排班方式對他的影響。你考慮了他的觀點，並且一起談過解決方案之後，在對話結束前你要表明，希望以後他有任何疑慮時能直接來找你。

對第三方的處理方式

對於索爾，作為三角溝通的第三方，其實有一些具建設性的方式能讓他避免成為夾心餅乾。當麥克一開始表達對班表的不滿時，索爾可以說：「老闆怎麼說？你們有談過嗎？」如果麥克說沒有跟老闆提過，那麼他可以建議麥克直接來找你談是一個解決方案。

如果麥克繼續三角溝通，索爾就應該問麥克只是想找人發洩而已，還是希望索爾採取什麼行動。如果是前者，他只要聽麥克發洩就好，不要把話往外傳，同時也鼓勵麥克找老闆談。如果麥克期待他做些什麼，那就應該弄清楚究竟麥克希望他怎麼做。索爾可以幫助麥克想想，應該用什麼方式找你談，但是要禮貌的拒絕當傳話筒。

老闆的應對方式

如果你的團隊已經發生不只一次三角傳話的狀況，就要警覺到你面對的可能是一個更大的問題了。也許這個行為已經變成常態，那麼現在就應該著手把它處理掉，如果是這樣，可以運用第五章的 CONNECT 技巧把團隊成員找來聊一聊，大家也可以運用這個技巧來剷除舊習慣。

IMAGINE
IMAGINE
IMAGINE
IMAGINE

第十章

企業和員工一起成長的新世界

我們在前面幾章分享共同的經驗，以具有說服力的研究結果來推展我們的思考，並且把我們的想法濃縮成精準的概念，目的在於幫助你做好工作並且表現出最棒的自己。我們解釋過正在推行的運動，探索背後的科學知識，並且為全新概念的回饋提出確實的策略和做法模式，以達成能協助我們茁壯、進步、成長的全新回饋模式，同時減少老舊觀念和錯誤做法帶來的痛苦和憤恨。我們向你說明如何投入請求、接收和提供回饋的角色，並分享訣竅、技巧、行事模式和準則。但是，現在我們必須承認：這件事不只是這樣，也不只是關係到你一個人而已。

先把現在我們面對的現實和夢想放在一旁，想像一下，當我們一起努力重新定義回饋，會造成什麼衝擊。再想像一下，當我們都把精力拿來創造充滿正面連結的工作環境，結果會是什麼樣子。想像我們打造一個意見可以充分交流，請求、接收及提供回饋的做法已經成為常態的新回饋文化。再想像一個新的世界，在那裡我們能夠安心展現真實透明的自己，同時也能敞開心胸，接受為了達成我們想要的模樣而必須做的努力。在那裡我們放下恐懼、迎接別人提供給我們的幫助；在那裡，我們的能量、時間和動力總是指向未來。請想像一下。

我們要活在這樣的世界！為了我們的組織、你的企業，以及所有治療癌症、創造新能源、療癒病痛、鋪馬路、剪頭髮、煎漢堡肉、發想冰淇淋新口味，和所有讓人生更有價值的事物，我們想要這樣的世界。我們希望下一代進入職場時能擁有這些經驗，希望我們的父母在漸漸離世時也能擁有這種經驗。

我們的客戶常常對我們說，他們想要為員工建立回饋文化，但是我們不太確定客戶是否也用這個方式來想像。他們是否了解，我們並不是拿著傳統觀念和方法大聲嚷嚷而已？他們是否了解，我們並不是主張大家把精力放在更及時或更完整的考績表？他們是不是真的準備好也甘願放手，不再控制、不貼標籤也不搞權力集中？

所以，在本書即將結尾時我們想要提醒你，我們對回饋的新願景定義是單純幫助別人，這個運動將由請求回饋的人來帶頭，由體貼的提供回饋者支持，加油打氣的則是心胸開放的接收回饋者。這個回饋運動將會以簡單、真誠、非正式的方式感染團隊和人群。它不是一條直線捷徑，而是一個需要我們花一些時間去適應的全新概念，當我們每個人和群體都能各自展現不同風貌，也就預告了回饋運動的成功。

在結束之前，我們準備幾項簡單容易的做法作為臨別禮物，你的團隊可以一起練習，讓回饋意見變得更熟練。這些練習為團隊及夥伴之間的回饋打開了機會，讓大家可以實踐我們為新世界定義出來的回饋。試著做做看，然後把它修正成適合你的做法，或是發展出你自己的做法，讓這些點子幫助你帶領團隊向前行。

- 每次會議結束前，請與會者回想這場會議做得好的部分或是正在討論的議題，在 PeopleFirm 我們稱之為「B 和 C」（benefits and concerns），指的是「有益之處」和「憂慮之處」。我有個客戶發明的版本則是「喜歡的、學到的、缺少的」（liked, learned, lacked），或者你也可以採用好處／壞處

（plus/minus）分開條列的老辦法。

- 團隊會議時撥出幾分鐘來表達感謝，也邀請大家對其他人表達謝意，不要強迫，但要鼓勵大家分享。
- 推行一個簡單、容易執行的夥伴回饋流程，不需要太沉重，簡單輕鬆是最好的。像是「回饋星期五」就是個有趣的方式，每週找一天來練習如何做好回饋。
- 進行人才盤點時，歡迎員工分享他們的抱負和發展願望。在 PeopleFirm 我們都說：「我不在場就絕對不做與我有關的決定。」（Nothing about me without me.）公司可以藉這個機會讓員工直接提出對於職涯發展的想法，這個方法正符合我們的基本原則：員工必須主導自己的成長及進步。

把以上這些點子跟本書提供的實際做法連結起來，可以幫助你開始行動，別忘了常常執行，而且不要太沉重；回饋內容要充滿感激、肯定以及正向意義，還要夠明確、以事實為基礎，而且保持一口可以消化的分量就好。所有的回饋都必須聚焦在未來的成長，如此一來我們就是在創造一個「回饋不再麻煩」的世界。

注釋

第一章

1. Marcus Buckingham, "Most HR Data Is Bad Data," *Harvard Business Review*, February 9, 2015, https://hbr.org/2015/02/most-hr-data-is-bad-data.
2. Office Vibe, " The Global State of Employee Engagement," https://www.officevibe.com/state-employee-engagement.

第二章

1. Gerry Ledford, "Performance Feedback Culture Drives Business Impact," i4cp, June 21, 2018, https://www.i4cp.com/productivity-blog/performance-feedback-culture-drives-business-impact.
2. Gretchen Spreitzer and Christine Porath,"Creating Sustainable Performance," *Harvard Business Review*, January-February 2012, https://hbr.org/2012/01/creating-sustainable-performance.
3. Joseph Folkman, " The Best Gift Leaders Can Give: Honest Feedback," *Forbes*, December 19, 2013, https://www.forbes.com/sites/joefolkman/2013/12/19/the-best-gift-leaders-can-give-honest-feedback/.

4. Joseph Folkman, "Top Ranked Leaders Know This Secret: Ask for Feedback," *Forbes*, January 8, 2015, https://www.forbes.com/sites/joefolkman/2015/01/08/top-ranked-leaders-know-this-secret-ask-for-feedback/.

第三章

1. Shirzad Chamine, *Positive Intelligence* (Austin, TX: Greenleaf Book Group, 2012).
2. Roy Baumeister, Ellen Bratslavsky, Kathleen Vohs, and Catrin Finkenauer, "Bad Is Stronger than Good," *Review of General Psychology* 5, no. 4 (2001): 323–370.
3. Carol S. Dweck, *Mindset: The New Psychology of Success* (New York: Ballantine Books, 2008). 繁體中文版《心態致勝：全新成功心理學》由天下文化出版。
4. C. S. Dweck and E. L. Leggett, "A Social-Cognitive Approach to Motivation and Personality," *Psychological Review* 95, no. 2 (1988): 256–273, https://www.mindsetworks.com/Science/Impact.

第五章

1. 出自高特曼博士研究發現：https://www.gottman.com/about / research/。
2. Kyle Benson, "The Magic Relationship Ratio, According to Science," Gottman Institute, October 4, 2017, https://www.gottman.com/blog/the-magic-relationship-ratio-according-science/.
3. Corporate Leadership Council, 2002, "Building the High-Performance Workforce: A Quantitative Analysis of the

Effectiveness of Performance Management Strategies. Corporate Executive Board," https://docplayer.net /5496089-Building-the-high-performance-workforce-a-quantitative-analysis-of-the-effectiveness-of-performance-management-strategies.html.

4. Ben Yagoda, " The Cognitive Biases Tricking Your Brain," *Atlantic*, September 2018, https://www.theatlantic.com/magazine/archive/2018 /09/cognitive-bias/565775/.

第六章

1. Gerry Ledford, "Performance Feedback Culture Drives Business Impact," i4cp, June 21, 2018, https://www.i4cp.com/productivity-blog/performance-feedback-culture-drives-business-impact.
2. 2018 SHRM/Globoforce Employee Recognition Survey, https://resources.globoforce.com/home/findings-from-the-2018-shrm-globoforce-employee-recognition-survey-designing-work-cultures-for-thc-human-era.

第七章

1. Sonja Lyubomirsky, Kristin Layous, Joseph Chancellor, and S. Katherine Nelson, " Thinking About Rumination: The Scholarly Contributions and Intellectual Legacy of Susan Nolen-Hoeksema," *Annual Review of Clinical Psychology* II (March 2015): 1–22, https://doi.org/10.1146/annurev-clinpsy-032814-112733.

第八章

1. Jack Zenger, " The Vital Role of Positive Feedback as a Leadership Strength," *Forbes*, May 5, 2017, https://www.forbes.com/sites/jackzenger/2017/07/05/the-vital-role-of-positive-feedback-as-a-leadership-strength.
2. Elizabeth Marsh, Lisa Fazio, and Anna Goswick, "Memorial Conse- quences of Testing School-Aged Children," August 15, 2013, https://www.ncbi.nlm.nih.gov/pmc/articles/PMC3700528/.
3. Amy Edmondson, "Psychological Safety and Learning Behavior in Work Teams," *Administrative Science Quarterly* 44, no. 2 (1999): 350–383, https://doi.org/10.2307/2666999.
4. Corporate Leadership Council, "Building the High-Performance Workforce."
5. "Who Created the IAT?" http://www.understandingprejudice.org/iat/faq.htm.

致謝

別人總說完成一件事需要盡全村之力，但我們說完成一件事需要好幾個部落的支持。沒有這些部落，我們無法寫成這本書。

書的部落

珍妮・克拉克（Jenni Clark）：感謝你對我們以及這本書的仔細照顧與盡忠職守。你以開心而昂揚的精神駕馭各種不同又大量的工作，並且應對不同合作對象，包括美術設計及寫作者。你不只讓這個出書計畫成真，還讓我們都很樂在其中。我們很崇拜你。

傑夫・莫瑟（Jeff Mosier）：我們的編輯、靈感來源、以及直話直說的好夥伴。這本書跟上一本一樣，沒有你的辛苦奉獻和耐心，無法變成現在的面貌，你說服我們的能力確實是渾然天成的天賦。此外，謝謝你一直都是譚拉的超能力來源，我們都很幸運能有你的陪伴。

陶德・費賢（Todd Vician）：我們的「總監」及內容審核，你非常細心的檢查每一個字、加入個人觀點，並且總是指出我們未曾考慮過的方向。

PeopleFirm 領導力解決方案團隊：包括比爾・赫夫曼（Bill Hefferman）、比爾・哈里森（Bill Harrison）、蜜雪兒・范法利洛（Michelle Fanfarillo），以及羅傑・卡斯納（Roger Kastner）。你們針對重點的回饋、指導以及對本書內容的貢獻，讓這本書更上一層樓。

藝術部落

我們很喜愛並感謝「內部」藝術設計團隊，艾薇・錢德勒（Ivy Chandler）以及羅根・葛利希（Logan Grealish）。在我們請求「快點畫幾張圖來」的時候，艾薇還兼顧許多其他工作，羅根同時在華盛頓大學攻讀學位。你們的創造力對於這本書打破傳統又不循規蹈矩的調性貢獻很大。你們真是有才華又有愛，我們很幸運能夠與你們一起完成這本書。

PeopleFirm 部落

感謝整個 PeopleFirm 部落，在寫作過程中兩度測試我們的想法、鼓勵我們、提供我們寶貴的回饋意見。謝謝艾倫・博吉達（Alan Borgida）對我們的支持，給予我們時間和空間完成這項投資。感謝史考特・派金斯（Scott Perkins）跟我們站在一起，總是在工作上表現傑出。特別感謝吉娜・那波里（Gina Napoli），勇敢的告訴我們要在CONNECT裡面加入第二個N才是正確拼法。

指導者和靈感來源

這本書必須歸功於賽斯・高汀（Seth Godin）、過世的茱迪絲・葛萊賽（Judith Glaser）、道格・賽斯比（Doug

Silsbee）、傑克・詹格（Jack Zenger）以及喬瑟夫・佛克曼（Joseph Folaman）、約翰・高特曼博士（Dr. John Gottman），以及希爾札德・查敏（Shirzad Chamine），他們的研究和出版作品對我們的思想影響非常深遠。

還有我們全球的客戶與同事，我們與你們的關係啟發了這本書。是我們向你們學習，這些都是你們的故事，感謝你們讓我們可以一起工作。

感謝對我們有話直說的人

丹尼斯・哈特曼（Dennis Hartman）：我們每週一次開車到奧伯托（Oberto）總部時，你告訴我不要再遲疑，要開始帶領大家。我像是被人從屁股踢了一腳，而這是我很需要的提醒，讓我走上今天的這條道路。

——譚拉

維克・摩西斯（Vic Moses）：二十幾年前我正處在商店事業轉折點，你說：「上帝會允許我們調頭大轉彎」，所以我辭掉不適合自己的工作，回到我最能夠發揮優點的地方。你的回饋改變了我，讓我永遠感激。

——蘿拉

BK 出版社部落

BK 出版社（BERRETT-KOEHLER）的尼爾和其他團隊成員：感謝你們出版我們的第二本書，你們是寶貴而值得信賴的事業夥伴。

我們也很感謝 BK 出版社的審查夥伴，巴瑞（Barry）、利（Leigh）以及喬（Joe），給予全面而周到的回饋。

最重要的家庭部落

莫瑟家族（傑夫、威爾森、艾薇、艾爾・錢德勒）；葛利希家族（傑夫、伊凡、羅根、坎墨登、凱文，還有卡雷伯、麗莎・道林）；克拉克家族（喬納森、路克、米卡）；費賢家族（米雪兒、路卡斯、卡特爾）：感謝你們餵養我們，鼓勵我們，並且在蘿拉嘮叨抱怨時帶酒來。感謝派瑞和露娜在譚拉工作時躺在她腳邊。我們欠你們太多了，你們包容我們挑燈夜戰以及在週末工作，包容我們沒有一起去湖邊散步。我們會補償的，一定會。

大迪克和給予者樂團（Big Dick and the Extender）：感謝你們給予的靈感。大迪克請安息。

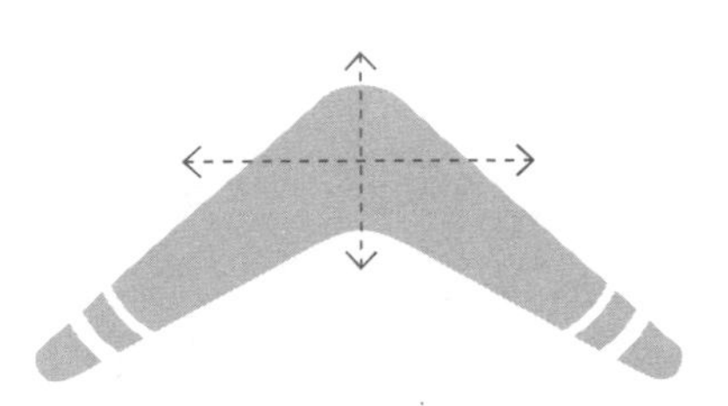

所有的回饋都必須
聚焦在未來的成長。

工作生活 BWL082

精準回饋：提升團隊績效，改善溝通的超能力
Feedback (and Other Dirty Words): Why We Fear It, How to Fix It

作者 —— 譚拉・錢德勒 M. Tamra Chandler
蘿拉・道林・葛利希 Laura Dowling Grealish
譯者 —— 周怡伶

總編輯 —— 吳佩穎
書系主編 —— 蘇鵬元
責任編輯 —— 王映茹
封面設計 —— FE 設計 葉馥儀

出版人 —— 遠見天下文化出版股份有限公司
創辦人 —— 高希均、王力行
遠見・天下文化 事業群榮譽董事 —— 高希均
遠見・天下文化 事業群董事長 —— 王力行
天下文化社長 —— 林天來
國際事務開發部兼版權中心總監 —— 潘欣
法律顧問 —— 理律法律事務所陳長文律師
著作權顧問 —— 魏啟翔律師
社址 —— 臺北市 104 松江路 93 巷 1 號
讀者服務專線 —— 02-2662-0012 ｜傳真 —— 02-2662-0007；02-2662-0009
電子郵件信箱 —— cwpc@cwgv.com.tw
直接郵撥帳號 —— 1326703-6 號 遠見天下文化出版股份有限公司

國家圖書館出版品預行編目（CIP）資料

精準回饋：提升團隊績效，改善溝通的超能力 / 譚拉・錢德勒（M. Tamra Chandler），蘿拉・道林・葛利希（Laura Dowling Grealish）著；周怡伶譯 ..
-- 第一版 . -- 臺北市：遠見天下文化，2020.08
256 面；14.8×21 公分 . --（工作生活；BWL082）

譯自：Feedback (and Other Dirty Words): Why We Fear It, How To Fix It

ISBN 978-986-5535-40-7（平裝）

1. 組織管理 2. 績效管理

494.2 109010358

電腦排版 —— bear 工作室
製版廠 —— 東豪印刷事業有限公司
印刷廠 —— 中原造像股份有限公司
裝訂廠 —— 中原造像股份有限公司
登記證 —— 局版台業字第 2517 號
總經銷 —— 大和書報圖書股份有限公司｜電話 —— 02-8990-2588
出版日期 —— 2020 年 08 月 31 日第一版第 1 次印行
2024 年 1 月 9 日第一版第 5 次印行

定價 —— 350 元
ISBN —— 978-986-5535-40-7
書號 —— BWL082
天下文化官網 —— bookzone.cwgv.com.tw

天下文化

BELIEVE IN READING